Manikandan Subramani

Cancelamento adaptativo de ruído para sinais de fala usando o método WGES

Manikandan Subramani

Cancelamento adaptativo de ruído para sinais de fala usando o método WGES

Imprint

Any brand names and product names mentioned in this book are subject to trademark, brand or patent protection and are trademarks or registered trademarks of their respective holders. The use of brand names, product names, common names, trade names, product descriptions etc. even without a particular marking in this work is in no way to be construed to mean that such names may be regarded as unrestricted in respect of trademark and brand protection legislation and could thus be used by anyone.

Cover image: www.ingimage.com

This book is a translation from the original published under ISBN 978-3-330-33091-7.

Publisher:
Sciencia Scripts
is a trademark of
Dodo Books Indian Ocean Ltd. and OmniScriptum S.R.L publishing group

120 High Road, East Finchley, London, N2 9ED, United Kingdom
Str. Armeneasca 28/1, office 1, Chisinau MD-2012, Republic of Moldova, Europe
Printed at: see last page
ISBN: 978-620-8-08820-0

DESEMPENHO E ANÁLISE DA REDUÇÃO ADAPTATIVA DE RUÍDO PARA SINAIS DE VOZ UTILIZANDO A ESTIMATIVA DE PASTAGEM DE SINAL BASEADA EM WAVELETS

MANIKANDAN SUBRAMANI

SAIR

Foi com grande prazer que concluí e apresentei este trabalho intitulado "**A Novel Approach To Adaptive Noise Cancellation For Speech Signal Using Wavelet Based Grazing Estimation Of Signal Method**" dentro do prazo. Queria sinceramente contribuir para o ensino e a investigação das gerações futuras no domínio da eletrónica e das telecomunicações, e espero que este trabalho possa abrir uma porta para os anos vindouros.

Estou muito grato ao Chanceler, **Sr. Vinod Tibrewala**, da Universidade JJT, Rajastão, Índia, por me ter dado a oportunidade de frequentar este curso altamente especializado e único, e agradeço também ao Vice-Chanceler, **Prof. D. D. Agarwal,** da Universidade JJT, Rajastão, Índia, pelo seu inestimável apoio na realização deste trabalho de investigação.

Para concluir este pequeno trabalho, recebi muita ajuda, sugestões e instruções de diferentes partes do país. Estou muito grato ao meu supervisor, **Dr. N. Rajasekar**, Professor, Escola de Engenharia Eléctrica, Universidade VIT, Vellore, sob cuja inestimável orientação, apoio e encorajamento este trabalho pôde ser concluído sem problemas. Desde o início, ajudou-me de muitas formas e esteve sempre pronto a dar-me conselhos gratuitos. Estou-lhe grato pelo seu apoio inestimável.

Nunca encontrarei palavras suficientes para agradecer ao **Sr. P. Gopinath**, Secretário Pessoal do Chanceler da Universidade JJT, Rajasthan, que me ajudou em todas as fases do meu trabalho, fornecendo críticas e recomendações atempadas, especialmente nas últimas semanas, quando o calendário de trabalho estava muito ocupado.

Gostaria de agradecer aos **membros do pessoal administrativo e técnico** da JJT University, Rajasthan, que me ajudaram e aconselharam nas suas respectivas funções.

Estou muito grato **ao Sr. J. Ilango**, Presidente do King College of Technology, Namakkal, Tamilnadu, que me prestou toda a ajuda e apoio possíveis durante o meu trabalho de investigação.

Por último, gostaria de dedicar este trabalho à minha família, à minha mulher e aos meus filhos.

Dr. S. Subathradevi e os meus filhos, **Sr. Arun Karthick** e **Sr. Shivani**, pelo seu amor, paciência e compreensão, que me permitiram dedicar a maior parte do meu tempo a este trabalho.

Agradeci a Deus Todo-Poderoso por me ter dado boa saúde e outras bênçãos para levar a cabo este trabalho. Ele é o guia supremo da minha vida e a glória do Senhor para todo o sempre.

ABREVIATURAS	FORMA COMPLETA DA ABREVIATURA
DSP	Processadores de sinais digitais
ANC	Redução ativa do ruído
FXLMS	X-filter Menor quadrado médio
IIR	Resposta a impulsos infinitos
FIR	Resposta ao impulso finito
RLS	Mínimos quadrados recursivos
FFT	Transformada rápida de Fourier
LMS	Quadrados médios mais pequenos
ANN	Rede neural artificial
HVAC	Aquecimento, ventilação e ar condicionado
EVM	Avaliação do módulo
SNR	Relação sinal-ruído
PSNR	Valor de pico da relação sinal/ruído

RESUMO

Este trabalho apresenta a redução de ruído em sinais de fala recebidos para meios de comunicação sem fio usando o método de estimação de pastagem baseado em wavelet (WGES). O sinal recebido é alterado pela mistura de ruído branco gaussiano. Este método proposto baseia-se no princípio da sobreposição com oito casos possíveis. Ao realizar vários casos possíveis de deslocação do sinal, o sinal de ruído é deslocado na direção oposta ao sinal original. Esta saída é colocada em cascata utilizando técnicas de transformação wavelet e comparada com os sinais de saída dos algoritmos de controlo disponíveis. Em comparação com outros algoritmos de controlo disponíveis, o método proposto é fácil de implementar, tem um bom desempenho e converge rapidamente. A técnica proposta é implementada utilizando o software Matlab e o processador DSP. Os resultados da simulação confirmam a eficácia do algoritmo proposto.

CAPÍTULO 1
INTRODUÇÃO

Os problemas acústicos no ambiente chamaram a atenção para uma multiplicidade de fontes de ruído. Akthar M.T. (2007) demonstrou que estes incómodos sonoros são prejudiciais tanto para os aspectos físicos como psicológicos das pessoas. O mundo está agora a concentrar-se no controlo dos níveis de ruído ambiental [2].

Não é necessário seguir as abordagens convencionais de controlo do ruído. Trata-se de adotar uma abordagem acústica passiva. Embora a absorção e o isolamento acústico sejam intrinsecamente estáveis e eficazes, são demasiado dispendiosos e ineficazes quando se trata de suprimir o ruído de baixa frequência. As deficiências dos métodos passivos de redução do ruído deram um novo impulso à investigação sobre o controlo do ruído ambiente [1].

No seu artigo Chaoui J, Gregorio S de, Gallisian G, Masse Y (1999), descrevem o crescimento explosivo dos algoritmos e tecnologias de processamento digital no mundo real. As possibilidades de processamento aumentaram exponencialmente e os processadores de sinais digitais (DSP) diminuíram. Graças à lei de Genes, o consumo de energia destes DSPs continuou a diminuir [7].

Existem duas abordagens diferentes para o cancelamento do ruído elétrico: Técnicas passivas de cancelamento de ruído elétrico, em que apenas o sinal e o ruído ambiente são gravados de forma a obter um sinal claro para o ouvinte [6]. O ouvinte é isolado acusticamente do ambiente, o que é a principal condição desta técnica [3].

Atualmente, o ANC é utilizado numa vasta gama de aplicações. Os algoritmos convencionais de ANC de banda larga funcionam melhor nas bandas de frequência mais baixas. O seu desempenho diminui rapidamente com o aumento da largura de banda e da frequência central do ruído. As principais fontes de ruído são geralmente de banda larga [2]. Embora grande parte da energia esteja concentrada nas baixas frequências, também tendem a ter componentes significativos de alta frequência. Quando o sistema ANC é combinado com outros sistemas de comunicação e de som, é necessário um sistema de redução do ruído dependente da frequência [4].

Para ter em conta a possibilidade de ocorrência de ruído em bandas de frequência não contíguas, este trabalho propõe a estimação de sinal baseada em wavelets em sistemas ANC. As aplicações consideradas neste trabalho são capacetes, protectores auditivos e outros aparelhos auditivos [10].

O Capítulo 2 apresenta as diferentes técnicas ANC que foram desenvolvidas, o Capítulo 3 discute o método proposto para sistemas de controlo ativo do ruído a montante com o algoritmo da regra delta, o Capítulo 4 discute o método proposto para o sistema de controlo ativo do ruído em tempo real com o processador TMS320C5416, O Capítulo 5 explica o novo projeto de supressão ativa de ruído para o sinal de fala com o processador DSP TMS320C5402, o Capítulo 6 apresenta o método proposto para a supressão adaptativa de ruído para o sinal de fala utilizando o método GES e o Capítulo 7 apresenta um resumo do trabalho realizado, bem como sugestões para novas direcções de investigação.

CAPÍTULO 2

REVISÃO DA LITERATURA SOBRE SISTEMAS ACTIVOS DE REDUÇÃO DO RUÍDO

2.1 INTRODUÇÃO

Os problemas de ruído acústico são causados pelo número crescente de instalações industriais

- Controlo do ruído acústico através de uma técnica passiva, elevada atenuação numa determinada gama de frequências, dispendiosa.
- Tem uma vibração mecânica noutro tipo de ruído relacionado. Cria o problema em todas as áreas.
- O sistema eletromecânico suprime o ruído primário (ou) indesejado utilizando o princípio da sobreposição.
- O sistema ANC atenua eficazmente o ruído de baixa frequência, o que é muito dispendioso e incómodo.

O ANC acústico é utilizado num microfone e altifalante alimentados eletronicamente para produzir um som de cancelamento. Foi proposto pela primeira vez em 1936 numa patente de Lueg(7). As caraterísticas da fonte de ruído acústico e do ambiente são variáveis em termos de tempo, amplitude, fase, etc. O sistema ANC deve ser um sistema adaptativo que minimize um sinal de erro e pode ser implementado sob a forma de um filtro de resposta impulsiva finita (transversal) (FIR), de resposta impulsiva infinita (recursiva) (IIR) ou de um filtro de transformação de rede. É mais frequentemente utilizado nos algoritmos LMS (17) e (18).

Os transdutores electroacústicos (ou) electromecânicos são amostrados e processados em tempo real utilizando um sistema de processamento digital de sinais (DSP). Foi desenvolvido nos anos 80 como uma implementação de baixo custo. Possui um algoritmo mais sofisticado que permite uma convergência mais rápida e uma maior atenuação do ruído, sendo mais robusto do que a maioria das interferências indesejadas causadas pela eletricidade, acústica, vibração, etc. O ANC é utilizado para diferentes tipos de ruído utilizando sensores e fontes secundárias.

2.1.1 Aplicações actuais

- ^ ANC é uma grande quantidade de redução de ruído num pacote pequeno, particularmente em baixas frequências.
1. <u>Veículos a motor:</u> silenciadores electrónicos para escape, admissão, etc.
2. <u>aparelhos domésticos:</u> condutas de ar condicionado, frigoríficos, máquinas de lavar

9

roupa, cabeceiras de cama, etc.

3. <u>Industrial:</u> ventiladores, condutas de ar, sopradores, etc.

4. <u>Transpiração:</u> aviões, navios, barcos, etc.

2.1.2 Avaliação do desempenho e considerações práticas

A análise do desempenho do ANC resolve os seguintes problemas

1. Limitação da potência de base

2. Restrições práticas que limitam o desempenho

3. Equilíbrio entre desempenho e complexidade
4. Como se determina uma arquitetura de conceção prática? Cada etapa fornece um

   grau de confiança e um ponto de referência para verificação na etapa seguinte.

2.1.3 As caraterísticas do sistema ANC são as seguintes

1. Máxima eficiência numa gama de frequências mais ampla para suprimir uma vasta gama de ruídos.

2. A autonomia é construída e reposta

3. Capacidade de auto-adaptação

4. Robustez e fiabilidade

O ANC baseia-se no controlo a montante. A entrada é amostrada e o controlador de ruído ativo tenta suprimir o ruído sem uma entrada de referência "a montante".

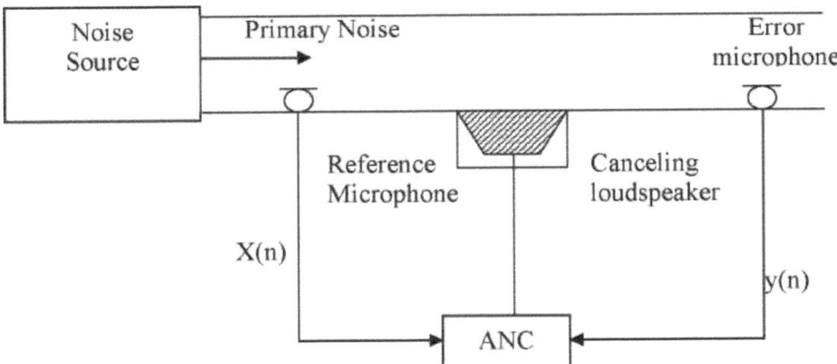

2.1 Sistema AnC para encaminhamento de sinais de banda larga num canal

2.2 ACOPLAMENTO DE BANDA LARGA A MONTANTE

Tem um único sensor de referência, uma única fonte secundária e erros de sinal nesta secção. Figura de um único canal acima. O microfone de erro utilizado para monitorizar o desempenho do controlador do sistema ANC é utilizado para minimizar o ruído acústico.

O sistema ANC básico de banda larga apresentado na figura 1 e o quadro de identificação do sistema adaptativo apresentado na figura 2, em que o filtro adaptativo W(Z) e o percurso primário P(Z) fazem a diferença entre a figura 1 e a figura 2, sendo o ponto de soma utilizado para subtrair os sinais eléctricos.

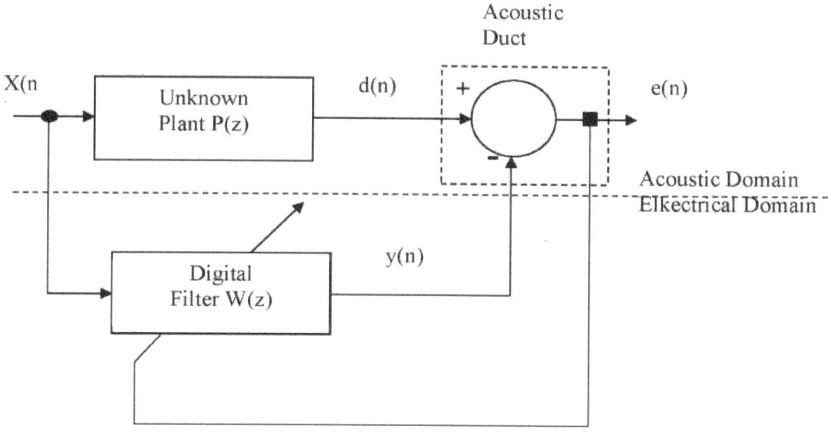

2.2 Identificação do sistema de proteção acústica ativa

w(z) minimiza o sinal de erro e(n), ou seja, e(z)=0 w(z)=p(z) para x(z) -0 a saída do filtro adaptativo y(n), a perturbação primária d(n).

E(n)=d(n)-y(n)=0, o que, com base no princípio da sobreposição, conduz a uma extinção perfeita dos dois sons.

$$\text{See}(w) = [1-\text{cdx}(w)]\text{sdd}(w) \quad 2.1$$

em que cdx(w) é a função de coerência absoluta ao quadrado entre duas direcções largas d(n) &

x(n). sdd(w) é o espetro de potência automático de d(n). [cdx(w) ~ 1] redução máxima do ruído

de um sistema ANC na frequência w por $-10\log_{10}[1-\text{cdx}(w)]$ na Figura 1. A condição para a causalidade é que o sistema ANC seja capaz de remover o ruído aleatório da rede de borda. Se a causalidade não for possível. O sistema só pode suprimir eficazmente o ruído de banda estreita (ou) periódico.

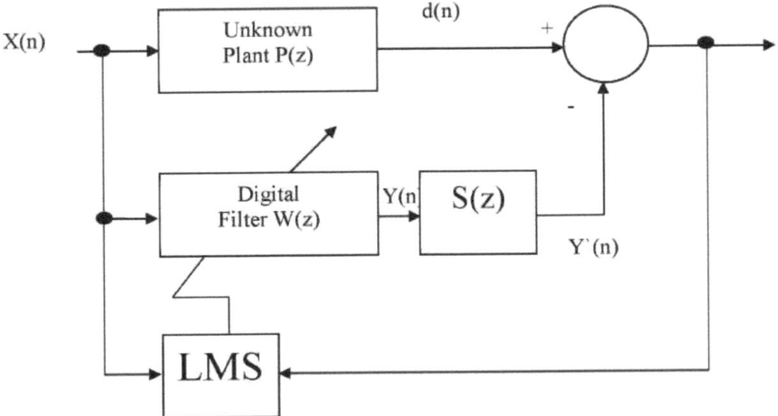

2.3 Diagrama de blocos simplificado do sistema de redução ativa do ruído.

Trata-se de compensar a função de transferência da via secundária S(z) de y(n) para e(n), que inclui o conversor D/A, o filtro de reconstrução, o amplificador de potência, o altifalante, a via acústica do altifalante para o microfone de erro, o pré-amplificador, o filtro anti-aliasing e o conversor A/D.

$$E9X)=[P(Z)-S(Z)\ W(Z)]X(Z) \qquad\qquad 2.2$$

$$W^0(Z) = \frac{P(Z)}{S(Z)} \qquad\qquad 2.3$$

No caso ideal, o erro residual é zero, ou seja, E(Z)=0. A função de transferência óptima é

A W(Z) tem simultaneamente o modelo P(Z) e o modelo inverso S(Z). este é um modelo adequado da facilidade é uma vantagem decisiva a mudança é sinal i/p causada pela mudança nas fontes de ruído. É uma função do filtro FIR 1/s(z), como mostra a Fig. (3) P(z) não contém um atraso de pelo menos o mesmo comprimento

2.3 . FILTRADO - ALGORITMO XLMS

Morgan(31) propôs duas abordagens para resolver este problema: a primeira consiste em colocar um filtro inverso 1/s(z) em série com s(z) para eliminar o seu efeito, enquanto a segunda consiste em colocar um filtro idêntico no sinal de referência.

2.3.1. DERIVAÇÃO DO ALGORITMO FXLMS

$${}^tE(n)=d(n)-s(n)*[W\ (n)x(n)]\ 2.4$$

em que n é o índice temporal, s(n) a resposta impulsiva do canal secundário S(Z), * a convolução.

W(n)=[wo(n),wi(n)...........^{T}WL-1(n)]   2.5

^{T}X(n)=[x(n) x(n-1)....... x(n-L+1)] L é a função de custo médio da sequência da ordem do filtro

^{2A2}£(n=E(e (n)], £ (n)=e (n)

^{A}W(n+1)=w(n)-^/2 Д X (n)

^{A21111}vE (n)= V e (n)=2[\ze(n)]e(n) haves/ e(n)=-s(n)*x(n)=-x (n), em que x (n)=[x (n) x (n- 1)   2.8

^{1T1}x (n-L+1)] e x (n)=s(n)*x(n)

^{A1}vE (n)=-2x (n) e(n)   2.9.

Se substituirmos 9 por 6, obtemos o algoritmo FXLMS

^{1} W(n+ 1)=w(n)+^x (n) e(n)   2.10.

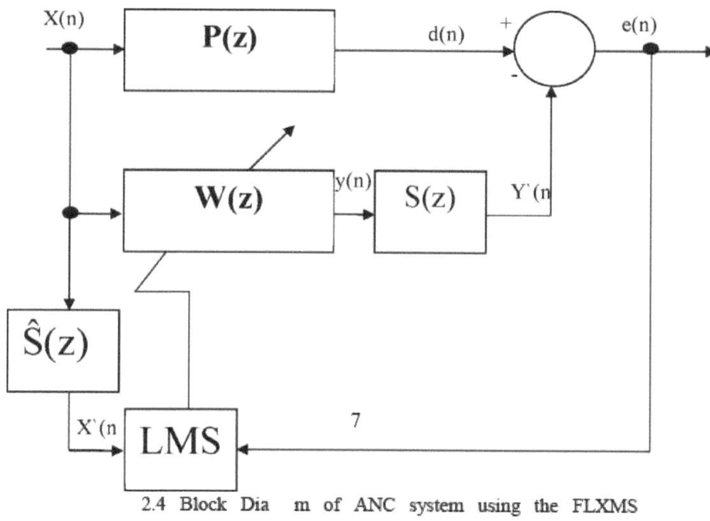

2.4 Block Dia m of ANC system using the FLXMS

2.4 Block Dia m of ANC system using the FLXMS

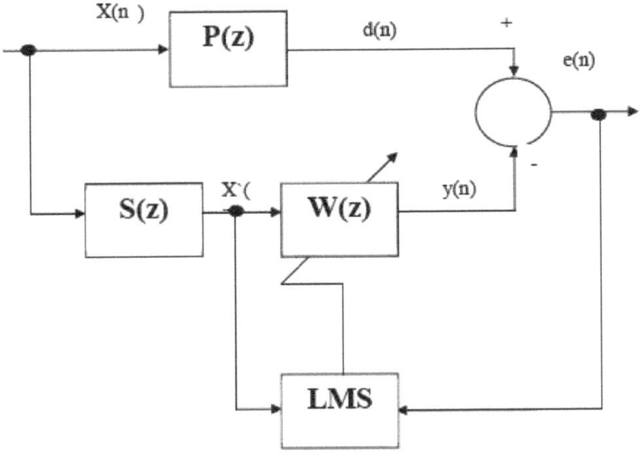

2.5 Diagrama equivalente à figura 4 para adaptação lenta e S(z) = S(z)

2.3.2. ANÁLISE DO ALGORITMO FXLMS

Se S (z)*x (z), o passo máximo que pode ser utilizado no algoritmo FXLMS é

$$\mu max = \frac{1}{Px^{1}(1+\Delta)} \qquad 2.11$$

[1]Px1 E (x 2(n)] Sinal de referência filtrado em potência x'(n) & é o número de amostras.
O erro é estimado em duas partes:
erro de amplitude e erro de fase. °A função de transferência óptima sem restrições W (z),

$$W^{o}(z) = \frac{P(z)\ S_{xx}(z)}{[S_{xx}(z)+S_{uu}(z)} \qquad 2.12$$

Na figura 4, a função de transferência da parte secundária s (z) é modelada como um atraso puro Δ, S (z) é representado por um atraso

2.3.3 ALGORITMO FXLMS NÃO ESTANQUE

Trata-se de uma aplicação direta do algoritmo FXLMS, em que T é uma ponderação do esforço de controlo.

em que V=1-^8 é o fator de fuga 0<v<1.

Se x(n) for o sinal registado pelo sensor de referência e F(z) a função de transferência do caminho de retorno da saída do filtro adaptativo w(z). a função de transferência estacionária,

$_{HOL}(z) = W(Z)F(Z)$, HOL(Z) - transferência de circuito aberto fn,

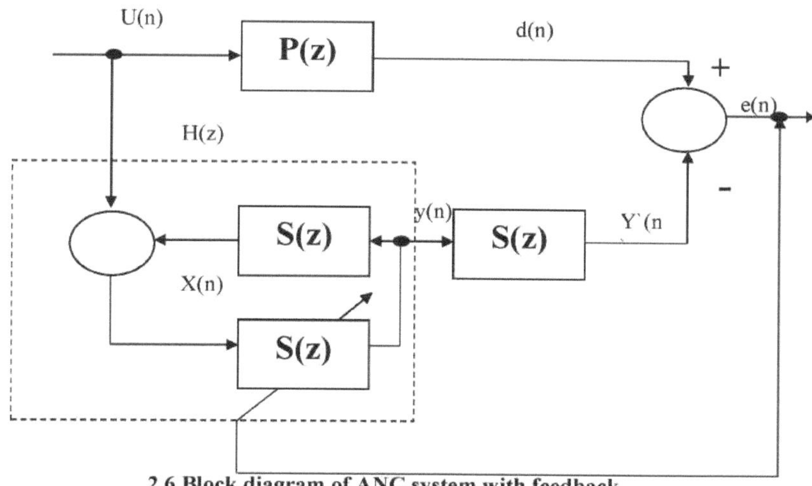

2.6 Block diagram of ANC system with feedback

$\sum{}^{\wedge}(n)=e^2(n)+\gamma\, W^T(n)\, w(n)$ ⠀⠀⠀⠀⠀⠀⠀⠀2.13

$W(n+1)=Vw(n)+\mu x^1(n)\, e(n)$ ⠀⠀⠀⠀⠀⠀⠀⠀2.14

$$W^o(z) = \frac{P(z)}{S(Z)+P(Z)F(Z)}$$ ⠀⠀⠀⠀2.15

$$H_{OL}(z) = \frac{P(z)\ C(z)}{S(z)+P(Z)F(Z)}$$ ⠀⠀⠀⠀2.16

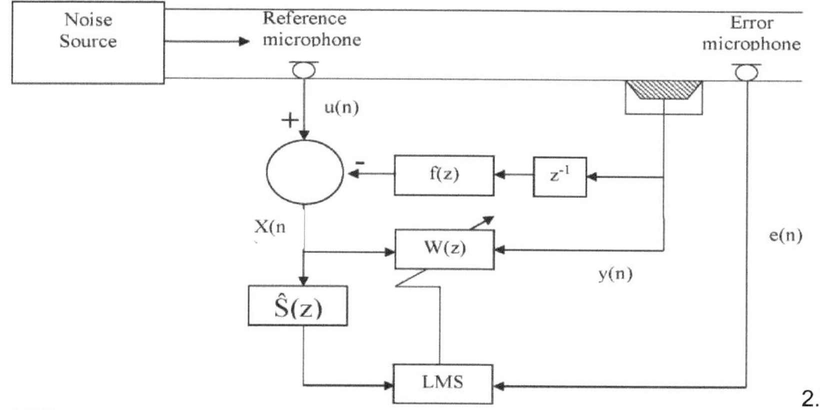

2.7

ANC com neutralização do retorno acústico.

A abordagem simples para resolver o problema da realimentação consiste em utilizar um filtro separado de cancelamento (ou) "neutralização" da realimentação no controlador.

Utilizamos o controlo adaptativo de realimentação de banda larga com um transdutor de referência, que descrevemos na secção anterior.

2.4 . ACOPLAMENTO DE BANDA ESTREITA A MONTANTE

Este método utiliza um sensor de referência, mas este não é influenciado pelo campo de controlo, ou seja, o tacómetro.

Os tipos de sinais de referência também são utilizados aqui. Estão divididos em .

1. Uma sequência de impulsos cujo período corresponde à frequência fundamental do ruído periódico, ou seja, a síntese da forma de onda de Chaplin (ou)

2. Originalmente, a inferência de altura era designada por filtro de entalhe adaptativo.

2.4.1. PROCESSO DE SÍNTESE DE FORMAS DE ONDA

■ Este método consiste em registar formas de onda com supressão de ruído utilizando um sintetizador de formas de onda.

$$Y(n) = w_j(n)\,(n) \quad ; \quad j(n) \approx n \bmod L$$

2.8 Diagrama de equivalência do método de síntese da forma de onda utilizando a entrada do trem de impulsos e negligenciando os efeitos do percurso secundário.

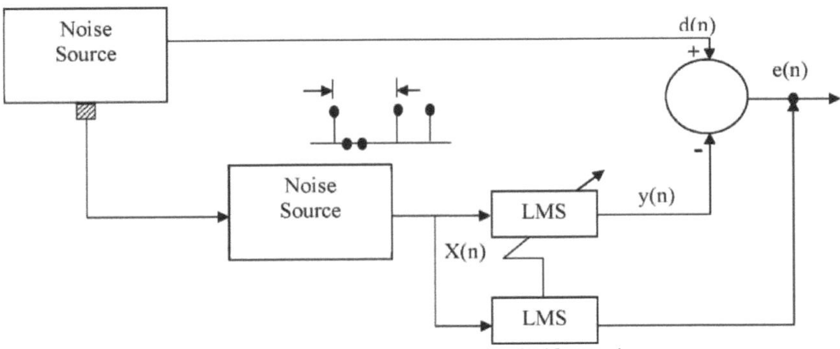

Aqui, o sinal é analisado utilizando a função delta de Kronecker.

Algoritmo FXLMS utilizado em controladores síncronos periódicos num ambiente ideal

$$H(Z) = \frac{1-z^{-1}}{1-[1-\mu S(z)]\,z^{-L}} \qquad 2.17$$

A transferência estacionária fn H(z) de D(z) para E(z) para o algoritmo LMS retardado $1-z^{-1}$

$$H(Z) = \frac{1-z^{-1}}{1-[1-\mu Z^{-[}\Delta^{/L]}L)\,z^{-L}} \qquad 2.18$$

LI é aumentada, estes picos fora da banda tornam-se maiores até o sistema se tornar finalmente instável.

2.4.2. FILTRO DE ENTALHE ADAPTATIVO

A principal vantagem deste método é a facilidade de controlar a largura de banda e o zero infinito, a frequência exacta da interferência.

F2.9 Sinal - Filtro notch com adaptação de frequência.

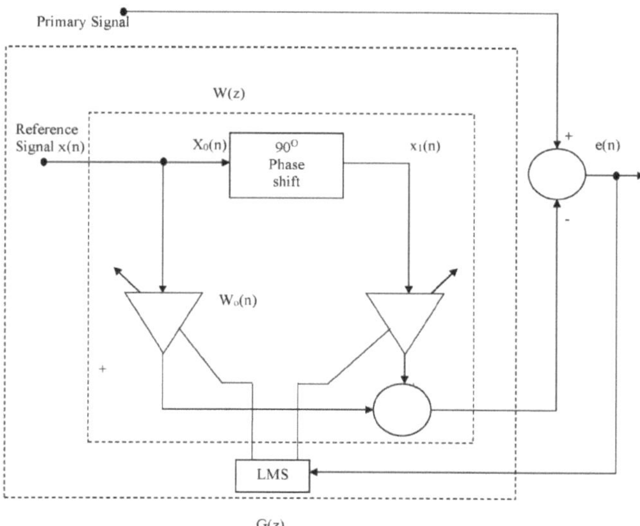

$$H(Z) = \frac{E(Z)}{D(Z)} \qquad \frac{Z^2-2Z\cos W_o +1}{Z^2-(2-\mu A^2)Z \cos W_o+1-\mu A^2} \qquad 2.19$$

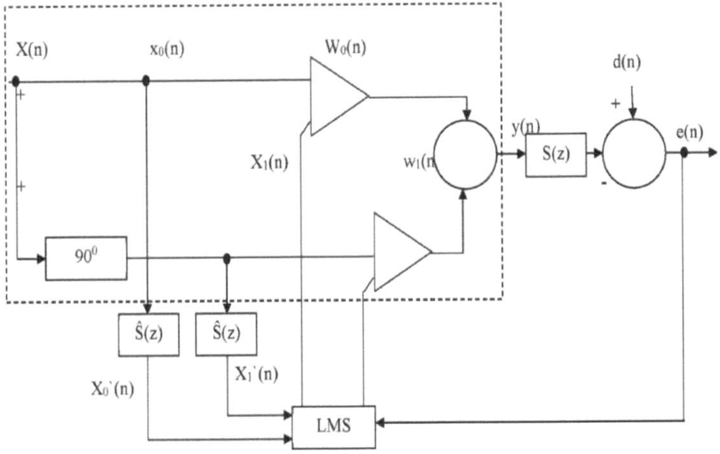

2.10   Sistema ANC de frequência única utilizando o algoritmo FXLMS.

$$H(Z) = \frac{Z^2 - 2Z\cos W_o + 1}{Z^2 - 2\cos w_o - \beta\cos W_o - \phi\ \Delta]z + 1 - \beta\cos\phi\ \Delta\ \cos\phi\ \Delta > o\ or\ -90° < \phi\ \Delta} \qquad 2.20$$

Frequências múltiplas ANC várias frequências que podem ser obtidas através de formas diretas, paralelas, diretas/paralelas ou em cascata:

$$X(n) = Z^{\wedge}\text{-}\mathrm{I}\,Amcos(WmN)$$

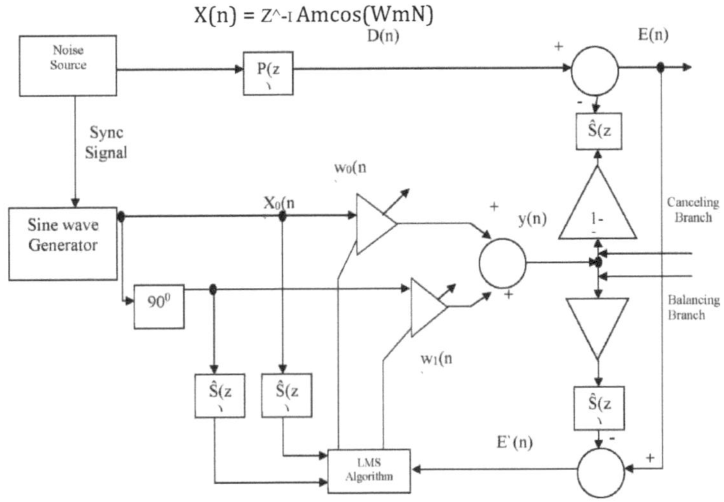

Diagrama de blocos de um equalizador de frequência de sinal ativo em relação ao ruído

2.5. Sistema ANC de feedback de canal único

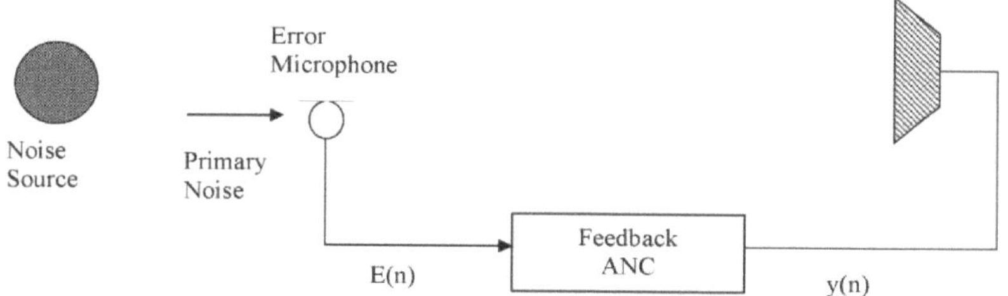

Os redutores de ruído activos fornecem geralmente a máxima atenuação do ruído de entrada. O método ANC de realimentação é utilizado para gerar o sinal secundário. Mostrado aqui no sistema Adaptive Feedback ANC.

.13 Sistema ANC de banda larga com feedback adaptativo utilizando o algoritmo FXLMS

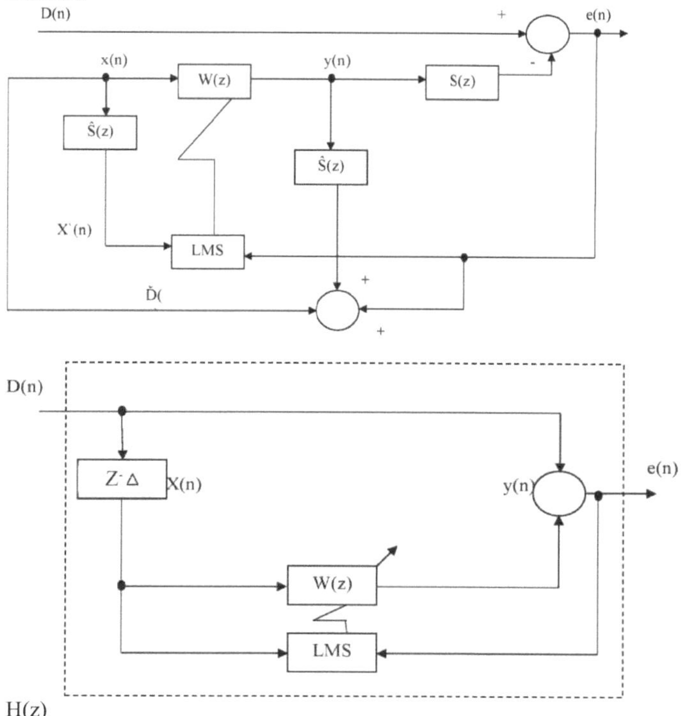

2.14 Diagrama funcional do preditor adaptativo

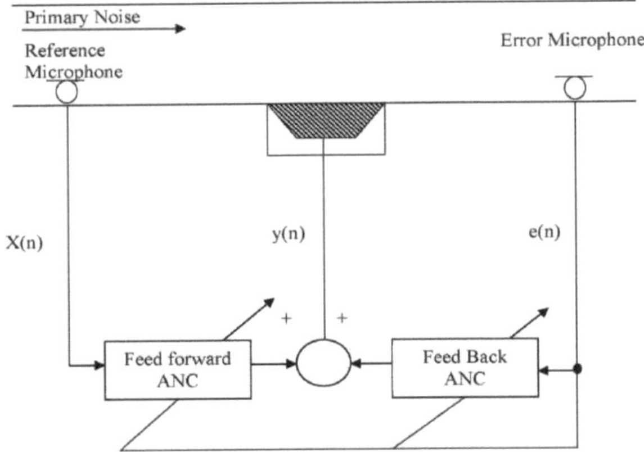

2.15 Sistema ANC híbrido que combina ANC de retorno e ANC de avanço

.

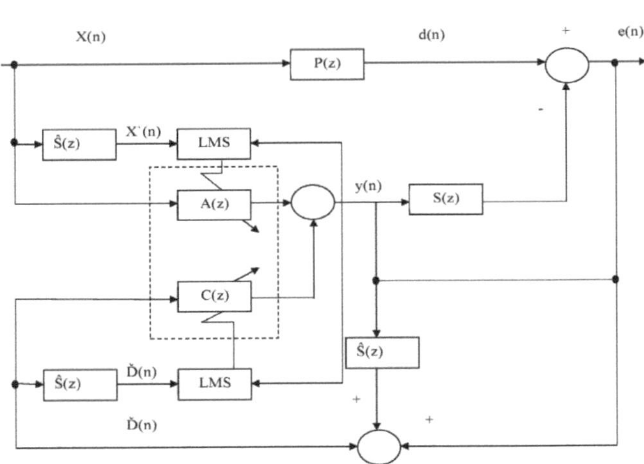

2.16 Sistema ANC híbrido utilizando FIR-Feed-Forward-AnC com o algoritmo FXLMS.

2.6. INSTALAÇÃO MULTICANAL

Neste canal para introduzir o canal de sinal do sistema ANC será estendido a vários casos de canal, é uma aplicação importante é o controle de gases de escape "boom" ruído é auto-movente, qualquer máquina móvel

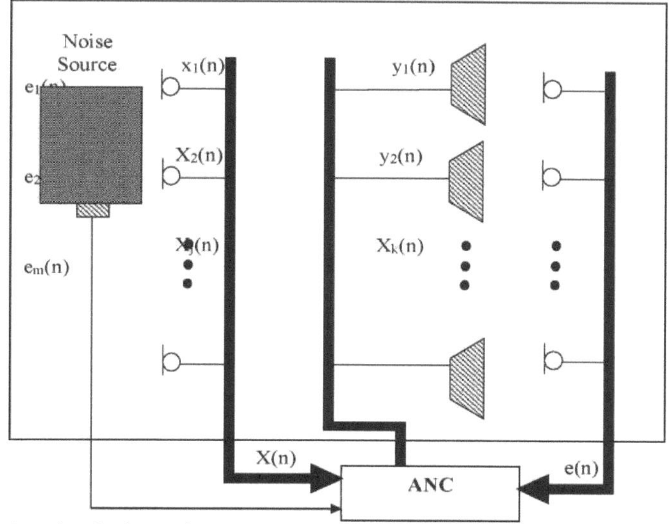

Impulso de sincronização

Construção de um sistema ANC acústico multicanal com J entradas de referência, K fontes secundárias e M sensores de erro.

2.17 Diagrama de blocos de um sistema AnC adaptativo multicanal a montante com trajectórias de realimentação.

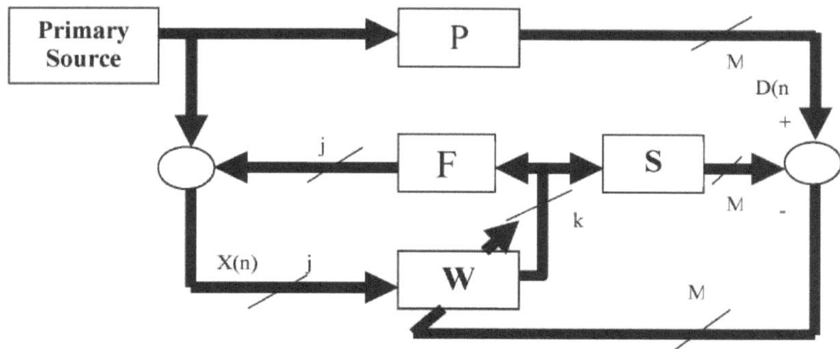

$Y(k) = w_{kT}(n)\, x(n)$, $K = 1,2, \ldots\ldots\ldots$ Kin   esta equação para referência única / referência múltipla

Método do algoritmo de saída.

2.7. SECUNDÁRIO NLINE - MODELAÇÃO DE TRAJECTÓRIAS

Esta secção apresenta vários modelos em linha para itinerários secundários

Técnicas. O problema de ruído aleatório aditivo (o ruído original é $u(n)=[p(n)-s(n)*w(n)*x(n)]*x(n)$. Neste método, com vários métodos, o problema básico, técnicas de ruído aleatório aditivo (ruído original como u(n)=[p(n)-s(n)*w(n)]*x(n) e algoritmo de modelação total, vários algoritmos de modelação de canal, incluindo efeitos de acoplamento inter-canal e

Algoritmos de modelação multicanal.

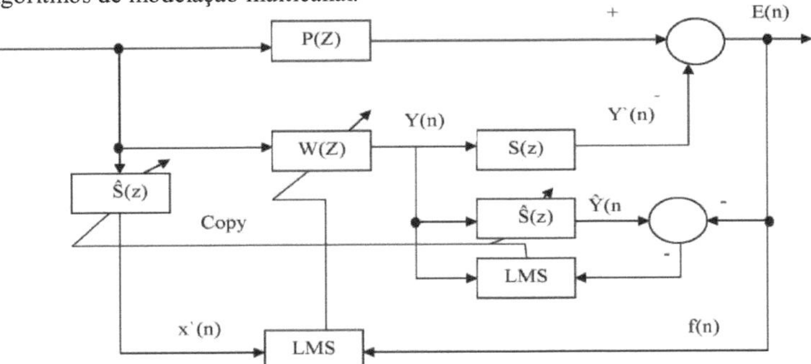

2.19 Diagrama de blocos para a técnica de modelação da via secundária em tempo real.

2.8. CONCLUSÃO

O ANC elimina o ruído indesejado de fontes secundárias. Neste sistema ANC, os algoritmos e a implementação DSP são praticamente adaptados às aplicações do mundo real, o algoritmo FXLMS baseia-se na sensação de avanço de banda larga, na sensação de avanço de banda estreita e no controlo de feedback adaptativo. O algoritmo do sinal ANC foi alargado a casos de múltiplos canais para controlo do campo de ruído na caixa ou num canal maior. Vários algoritmos adaptativos, como o algoritmo de grelha, de domínio de frequência, de sub-banda e RLS, foram também modificados para aplicações ANC. A modelação em linha do percurso secundário forneceu algumas orientações sobre os novos algoritmos, tendo sido demonstrados problemas reais de aplicação para ligação.

CAPÍTULO - 3

MÉTODO PROPOSTO PARA A PRÉ-GESTÃO ACTIVA DO RUÍDO SISTEMAS DE CONTROLO COM ALGORITMO DE CONTROLO DELTA

O ruído ativo é o ruído que ocorre em tempo real e não pode ser previsto (ou seja, é aleatório). O método tradicional de controlo do ruído, conhecido como proteção passiva contra o ruído e baseado na utilização de materiais de absorção do som, é eficaz para o ruído de frequência mais elevada. No entanto, uma proporção significativa do ruído industrial ocorre frequentemente na gama de frequências entre 50 e 250 Hz. Neste caso, o comprimento de onda do som é demasiado longo, pelo que as técnicas passivas já não são rentáveis, uma vez que requerem materiais demasiado pesados.

3.1 CONCEPÇÃO DE UM SISTEMA DE INSTALAÇÃO UTILIZANDO O ALGORITMO LMS

O sistema de redução ativa do ruído funciona segundo o princípio da sobreposição. O sistema consiste num controlador ao qual é dada uma referência de ruído. O controlador dimensiona corretamente o ruído de referência e inverte a fase [73]. O sinal invertido de fase é então adicionado ao sinal de entrada, que tem algum ruído ao longo do sinal de mensagem original, de modo a que o ruído seja removido. Existem muitos métodos utilizados para os sistemas ANC, incluindo os sistemas de realimentação e de alimentação. O ANC baseia-se no controlo de avanço, em que um ruído de referência coerente é detectado antes de se propagar através da fonte secundária, ou no controlo de realimentação, em que o controlador de ruído ativo tenta cancelar o ruído sem o benefício de uma entrada de referência a montante [23].

O desempenho do sistema de controlo ativo é largamente determinado pelo algoritmo de processamento do sinal e pela conversão acústica real [66]. A conceção eficaz do algoritmo requer um conhecimento adequado do comportamento do algoritmo nas condições de funcionamento pretendidas. Uma vez que o ruído ativo é aleatório e não pode ser corretamente previsto, o controlador deve incluir uma parte de filtro adaptativo cujos coeficientes de filtro variam em função do sinal de erro, ou seja, a diferença entre a saída do controlador e a saída de uma instalação desconhecida. Para conseguir a redução do ruído no caso de múltiplas fontes de ruído complicadas, é necessário utilizar um controlo ativo do ruído através de um canal de referência múltiplo

[44]. O local

o sinal de entrada é correlacionado para cada canal e o sinal de saída também é correlacionado.

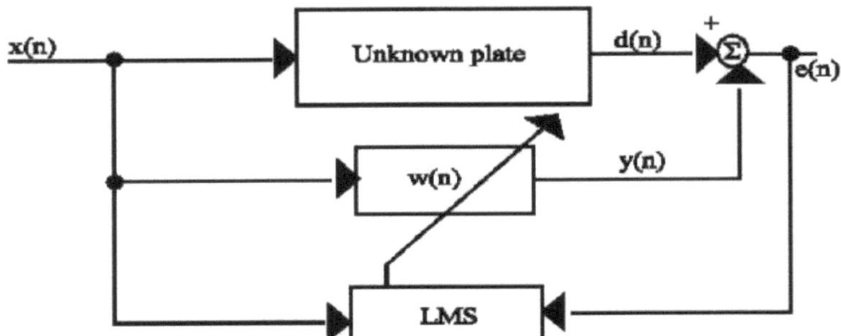

Fig. 3.1 Diagrama de blocos do sistema de controlo ANC com o algoritmo LMS

O algoritmo dos mínimos quadrados médios (LMS) é um algoritmo de gradiente estocástico que itera cada peso de derivação no filtro na direção do gradiente da amplitude ao quadrado de um sinal de erro em relação a esse peso de derivação, como se mostra na Figura 3.1 [45]. O algoritmo LMS é uma aproximação do algoritmo de descida mais acentuada, que utiliza uma estimativa instantânea do vetor de gradiente. A estimativa do gradiente baseia-se em valores de amostra do vetor de derivação de entrada e num sinal de erro. O algoritmo itera sobre cada peso de derivação no filtro e move-o na direção do gradiente estimado utilizando o algoritmo LMS de 1959. O objetivo é modificar (adaptar) os coeficientes de um filtro FIR, w(n), de modo a que correspondam o mais possível à resposta de um sistema desconhecido, p(n). O sistema desconhecido e o filtro de adaptação processam o mesmo sinal de entrada x(n) e têm saídas d(n) (também chamado de sinal desejado) e y(n), respetivamente[8].

O algoritmo LMS consiste essencialmente em dois processos. O primeiro é o processo de filtragem e o segundo é o processo adaptativo. No processo de filtragem, o sinal de referência é filtrado no filtro adaptativo e combinado com o sinal pretendido. O sinal de erro é a diferença entre o sinal pretendido e o sinal de saída do filtro w (n). No método adaptativo, o sinal de referência e o sinal de erro são aplicados ao algoritmo LMS e os pesos do filtro são modificados com base no algoritmo LMS. Assume-se que todas as respostas impulsivas neste estudo são modeladas por filtros de resposta impulsiva finita (FIR). d(n) tem o valor ruído primário a controlar, e x(n) é a referência para o ruído.

$$^T d(n) = p(n) *_{xi}(n) \qquad\qquad 3.1$$

em que p(n) é a resposta impulsiva da instalação desconhecida e

$$_{xi}(n) = [\ x(n)\ x(n-1)\ x(n-M+1)]. \qquad\qquad 3.2$$

e M é o comprimento de p(n). O y(n) é o sinal de saída do filtro.

$$^T Y(n) = w(n) *_{x2}(n) \qquad\qquad 3.3$$

em que w(n) = [w(n) w(n-1) w(n-2) ·w(n-N+1)r é o vetor de pesos do controlador ANC de comprimento N e x2(n)=[x(n) x(n-1)   x(n-N+1)]T.

O sinal de erro e (n) é a diferença entre o sinal desejado d(n) e a saída do filtro y(n).

$$e(n) = d(n)-y(n) \qquad\qquad 3.4$$

O peso do filtro w(n) é atualizado utilizando a seguinte equação;

$$w(n+1) = w(n) + x(n)\ e(n) \qquad\qquad 3.5$$

A isto chama-se o tamanho do passo. Este tamanho do passo tem uma profunda influência no comportamento de convergência do algoritmo LMS. Se for demasiado pequeno, o algoritmo precisa de muito tempo para convergir. Se o tamanho do passo for aumentado, o algoritmo converge mais rapidamente, mas se for demasiado grande, o algoritmo pode mesmo divergir. Um bom limite superior para o valor de é 2/3 da soma dos valores próprios da matriz de autocorrelação do sinal de entrada.

A correção aplicada ao atualizar a antiga estimativa do vetor de coeficientes baseia-se na amostra instantânea do vetor de entrada de derivação e no sinal de erro. A correção aplicada à estimativa anterior consiste num produto de três factores: o parâmetro de dimensão do passo (escalar), o sinal de erro e(n-1) e o vetor de entrada de derivação u(n-1). A correção aplicada à estimativa anterior consiste num produto de três factores: o parâmetro de dimensão do passo (escalar), o sinal de erro e(n-1) e o vetor de entrada da derivação u(n-1). O algoritmo LMS necessita de cerca de 20 L iterações para convergir para o quadrado médio, em que L é o número de coeficientes de derivação incluídos no filtro com atraso de derivação. O algoritmo LMS requer 2 L+1 multiplicações, que aumentam linearmente com L.

3.2 CONCEPÇÃO DE UM SISTEMA DE INSTALAÇÃO UTILIZANDO O ALGORITMO RLS

O algoritmo dos mínimos quadrados recursivos (RLS) pode ser utilizado com um filtro transversal adaptativo para obter uma convergência mais rápida e um erro de estado estacionário inferior ao do algoritmo LMS. O algoritmo RLS utiliza a inversão da matriz de autocorrelação do vetor de entrada contida em todos os dados de entrada anteriores. Utiliza esta estimativa para ajustar corretamente os pesos das derivações do filtro.

No algoritmo RLS, toda a informação disponível no passado é utilizada para calcular a correção. A correção é o produto de dois factores: o erro de estimação verdadeiro (n) e o vetor de ganho k(n). $^{-1}$ O próprio vetor de ganho é composto por P (n), a versão da matriz de correlação determinística, multiplicada pelo vetor de entrada u (n). A principal diferença entre o algoritmo LMS e o algoritmo RLS reside, portanto, na presença do termo de correção P no algoritmo RLS, que faz com que as torneiras sucessivas sejam decoradas em puts, tornando o algoritmo RLS auto-ortogonal zing. Devido a esta propriedade, o algoritmo RLS é essencialmente independente da distribuição dos valores próprios da matriz de correlação da entrada do filtro. O algoritmo RLS converge para o quadrado médio em menos de 2 L iterações. A taxa de convergência do algoritmo RLS é, por conseguinte, geralmente uma ordem de grandeza mais rápida do que a do algoritmo LMS [16].

Não são utilizados valores aproximados na derivação do algoritmo RLS. Como resultado, a estimativa de mínimos quadrados ate do vetor de coeficientes aproxima-se do valor ótimo de Vienna com um número crescente de iterações e, consequentemente, o erro quadrático médio aproxima-se do valor mais baixo possível. Por outras palavras, o algoritmo RLS é teoricamente livre de desajustamentos. O desempenho superior do algoritmo RLS em comparação com o algoritmo LMS é conseguido à custa de um aumento significativo da complexidade computacional.

A complexidade de um algoritmo adaptativo para funcionamento em tempo real é determinada por dois factores principais:
- o número de multiplicações (sendo as divisões contadas como multiplicações) por iteração e
- Precisão necessária para efetuar operações aritméticas. O algoritmo RLS requer um total de 3 L (3+L)/2 multiplicações, que aumentam com o quadrado de L do número de coeficientes do filtro, em . No entanto, a ordem do algoritmo RLS pode ser reduzida.

3.3 CONCEPÇÃO DE INSTALAÇÕES COM REDES NEURONAIS ARTIFICIAIS

Uma rede neural artificial (RNA) é um sistema de processamento de dados disponível em , que partilha certas caraterísticas de desempenho com as redes neurais biológicas [62]. Uma rede neuronal é constituída por um grande número de elementos de processamento denominados neurónios, células unitárias ou nós [55]. Cada neurónio tem um estado interno, designado por nível de ativação ou de atividade, que depende das entradas que recebe. Um neurónio envia a sua ativação como um sinal para vários outros neurónios. Cada neurónio está ligado a outros neurónios por ligações de comunicação direcionais, cada uma associada a um peso. O processo de adaptação dos pesos é designado por aprendizagem [56], [57]. O processo de atualização gradual dos diferentes pesos é designado por lei de aprendizagem ou algoritmo de aprendizagem. As redes neuronais têm as seguintes caraterísticas;

- Têm caraterísticas de entrada e saída não lineares.

- Podem alterar as suas próprias caraterísticas à medida que aprendem.

Pode realizar tarefas com base nos dados fornecidos para a formação ou a experiência inicial. Pode criar a sua própria organização ou representação da informação que recebe durante o período de aprendizagem. Os seus cálculos podem ser efectuados em paralelo e são concebidos e fabricados dispositivos de hardware específicos para explorar esta capacidade [25].

3.3.1 Algoritmo da regra delta

O algoritmo da regra delta é frequentemente utilizado em redes neuronais artificiais para reconhecimento de padrões e distingue-se dos algoritmos LMS pela equação de atualização dos pesos [74]. A modificação do vetor de pesos do algoritmo da regra de delta é

$$wi = *(d\,(n)\text{-}f\,(y\,(n)))\; *f\,(y\,(n))*x\,(n) \qquad 3.6$$

em que f (y(n).) é a função de saída.

A equação acima só é válida para a função de saída diferencial. No caso do LMS, a função de saída é linear f(x) = x. Neste caso, utilizamos funções de saída não lineares que exibem uma não linearidade sigmoidal. Como a derivada da função também é usada, a função de saída usada deve ser diferenciável. Dois exemplos de funções de saída não lineares sigmoidais são a função logística e a função tangente hiperbólica [35].

A segunda função é a função tangente hiperbólica, dada pela saída da função hiperbólica, que se situa entre -1 e 1 e representa o fator de escala. Como o valor máximo da função logística e da função tangente hiperbólica é 1, evita-se a divergência de pesos. Escolhendo corretamente o valor de, é possível obter uma convergência mais rápida. A complexidade computacional do algoritmo da regra delta é a soma da complexidade computacional do LMS e dos cálculos associados ao cálculo de f(x) e $1(x)$ e à multiplicação da função no vetor de atualização dos pesos [39]. A complexidade computacional não aumenta significativamente em comparação com o algoritmo LMS.

3.4 SIMULAÇÃO E RESULTADOS

A equação para atualizar os pesos do LMS, do RLS e da regra delta é, portanto, a seguinte. Utiliza-se como sinal de referência um ruído branco gaussiano de média zero e variância unitária. A trajetória primária p (n) é simulada por um filtro de comprimento 127.

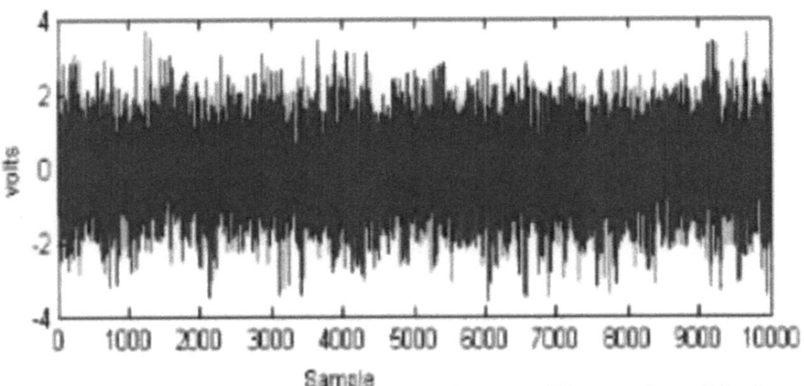

Fig.3.2 Ruído gaussiano de entrada

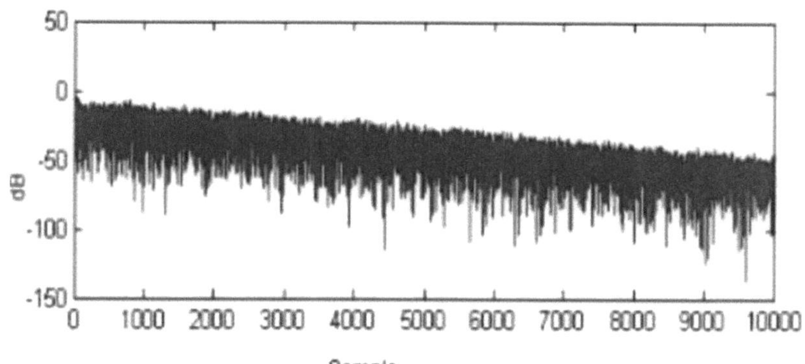

Fig. 3.3 Ruído residual do algoritmo LMS

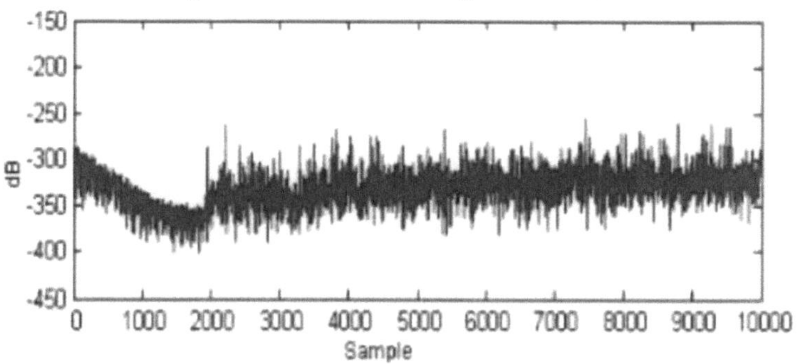

Fig. 3.4 Ruído residual do algoritmo RLS

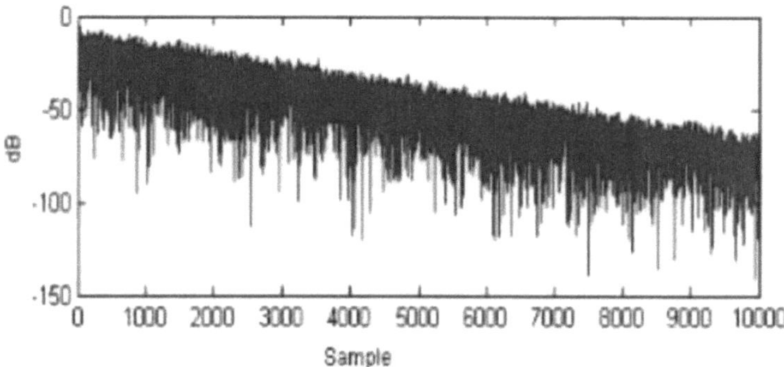

Fig. 3.5 Ruído residual do algoritmo da regra delta

O comprimento de w(n) é fixado em 96. A função logística é utilizada para simular o algoritmo da regra delta. Todos os pesos são definidos como zero e todos os resultados são médias de 100 ciclos.

Todas as simulações foram efectuadas em MATLAB. O ruído gaussiano branco de entrada com valor médio zero e variância unitária é apresentado na Figura 3.2. O ruído residual do algoritmo LMS é apresentado na Figura 3.3. O ruído residual do algoritmo RLS e do algoritmo da regra delta é apresentado nas Figuras 3.4 e 3.5, respetivamente. O algoritmo RLS converge mais rapidamente do que os outros dois algoritmos e o ruído residual é também mais baixo. A Figura 3.5 mostra que o ruído residual do algoritmo da regra delta é inferior ao do algoritmo LMS.

3.5 CONCLUSÃO

Comparámos o desempenho do LMS, do RLS e do algoritmo da regra delta para o ruído branco gaussiano de referência. Com base nos resultados apresentados na secção anterior, podemos concluir que o algoritmo RLS tem um desempenho melhor do que os dois algoritmos. No entanto, a complexidade do algoritmo RLS é muito superior à dos outros dois algoritmos. O algoritmo da regra delta é ligeiramente mais intensivo do ponto de vista computacional do que o algoritmo LMS e o ruído residual do algoritmo da regra delta é inferior ao ruído residual do algoritmo LMS. O algoritmo da regra delta é mais eficiente quando se tem em conta a redução do ruído e a complexidade computacional.

CAPÍTULO 4

MÉTODO PROPOSTO DE CONTROLO ACTIVO DO RUÍDO PARA SUPRESSÃO DE RUÍDO EM TEMPO REAL COM O TMS320C5416 PROCESSADOR

O processamento adaptativo de sinais é um método de supressão de ruído ambiente indesejado através da adição de uma onda sonora secundária com a mesma amplitude e fase invertida ao sinal original. Este som secundário é gerado eletricamente por processamento informático. Esta técnica é adequada para ondas sonoras de baixa e média frequência. Um filtro adaptativo consiste no filtro FIR (Finite Impulse Response) como filtro digital e no algoritmo LMS (Least Mean Square) como algoritmo de controlo adaptativo; este critério impõe obviamente certas restrições ao sistema de cancelamento. Em primeiro lugar, para que um sistema de cancelamento de ruído seja altamente eficaz, a fonte de ruído deve ser praticamente estacionária em relação ao altifalante que emite a forma de onda anti-ruído. Em segundo lugar, a fonte de ruído deve estar na vizinhança imediata do filtro de ruído [23].

O atraso acústico é outro aspeto importante a considerar num sistema de redução de ruído. De um ponto de vista físico, existe sempre uma distância entre a fonte, o gerador de ruído e o detetor de ruído residual. Estas distâncias físicas provocam atrasos na propagação do ruído que, por sua vez, causam diferentes desvios de fase, dependendo da posição relativa dos objectos.

4.1 MODELAÇÃO MATEMÁTICA DE UM FILTRO DE RUÍDO ADAPTATIVO

Para simplificar, as formas de onda de ruído e anti-ruído são assumidas como estando no mesmo ambiente. A base matemática para a construção de um filtro de ruído adaptativo é apresentada de seguida [30].

$$e(n) = x(n)+y(n-d) \qquad\qquad 4.1$$

$$w(n+d) = w(n)-mu*e(n) \qquad\qquad 4.2$$

$$y(n) = w(n+d) \qquad\qquad 4.3$$

e(n): corresponde ao erro causado pelo efeito combinado do sinal de ruído e da forma de onda do contra-som.

w(n): corresponde ao fator de correção correspondente à parte do erro que deve ser aplicada à forma de onda anti-ruído existente, apresentada na figura 4.1.

y(n): é a forma de onda anti-ruído aplicada em relação ao microfone.

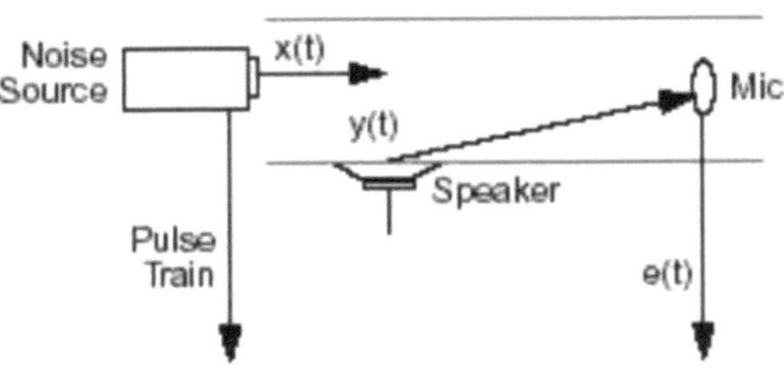

Fig. 4.1 Modelo simples para a deteção ativa de ruído

Neste processo de redução do ruído, há um fator de atraso que deve ser tido em conta. O atraso é a soma do atraso de propagação e do atraso de processamento. O atraso de propagação é o tempo necessário para que o sinal chegue ao processador a partir do transdutor externo, ou seja, o microfone [33]. Do mesmo modo, deve ser tido em conta um atraso na velocidade de processamento. O atraso total serve de indicador de desempenho para o sistema da Figura 4.2.

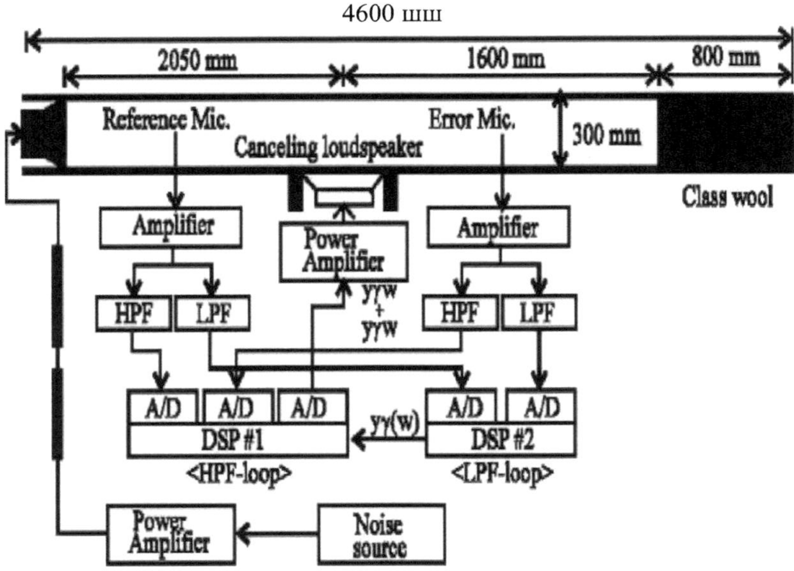

Fig. 4.2 Pontos críticos no desenvolvimento de um filtro ativo de ruído

O processo deve ser optimizado de modo a reduzir significativamente o sinal de ruído, sem criar perturbações adicionais no sistema. O atraso correspondente à propagação do som é fixo para uma dada configuração e depende apenas da velocidade do som nesse meio, que é uma constante. O fator que pode ser modificado é o atraso de processamento [69].

A limitação fundamental do filtro ativo de ruído é que não pode ser utilizado como um sistema de redução de ruído para componentes de alta frequência [67]. Se este sistema for utilizado para filtrar componentes de alta frequência, o tempo de atraso é muito superior ao do sinal e pode introduzir mais ruído. Quando o circuito foi simulado, geraram-se singularidades quando o tempo de atraso se tornou significativamente mais longo do que a duração da componente de frequência. Isto leva a ruído adicional e o sistema falha em tempo de execução. Durante este período crítico, o algoritmo para ANF deve ser processado e enviado para o gerador anti-ruído.

O atraso de processamento acima referido depende do processador e da otimização do algoritmo. Mantendo o mesmo algoritmo, a escolha do processador determina por si só o tempo de atraso e, consequentemente, estabelece um limite superior para a frequência máxima que pode ser detectada e reduzida pelo dispositivo.

4.2 UTILIZAÇÃO DO ANC COM O PROCESSADOR TMS320C5416

A complexidade de um filtro adaptativo é geralmente medida em termos de taxa de multiplicação e de memória. O fluxo e a manipulação de dados são também factores importantes devido ao multiplicador de hardware paralelo, à arquitetura de pipeline e à limitação do tamanho da memória rápida na pastilha. A implementação deve ser mais eficiente utilizando estas caraterísticas da arquitetura DSP. O TMS3220C25 pode executar uma instrução em apenas 8i0ns, e a arquitetura do processador permite mais do que uma operação por ciclo de instrução. Para criar a rotina de filtragem mais rápida, todos os buffers de dados e coeficientes de filtragem são armazenados na memória de dados de acesso aleatório[32].

Os dois modelos utilizados para testar o filtro são a aritmética de ponto flutuante e a aritmética de ponto fixo. Apresenta-se de seguida uma breve comparação entre os dois modelos.

1]   O processador de vírgula flutuante é mais completo do que o processador de vírgula fixa.

2]   No que diz respeito à precisão, o processador de vírgula flutuante utiliza a norma

IEEE 754 para representar números de vírgula flutuante na forma de mantissa e expoente. Todas as operações aritméticas mantêm a sua precisão durante o funcionamento.

O código C implementado no processador utilizando o Code Composer Studio é apresentado em anexo. O código é relativamente grande e a otimização deve ser efectuada com muito cuidado. Para simplificar, foi utilizado o Code Conversion Studio e o código é apresentado em anexo.

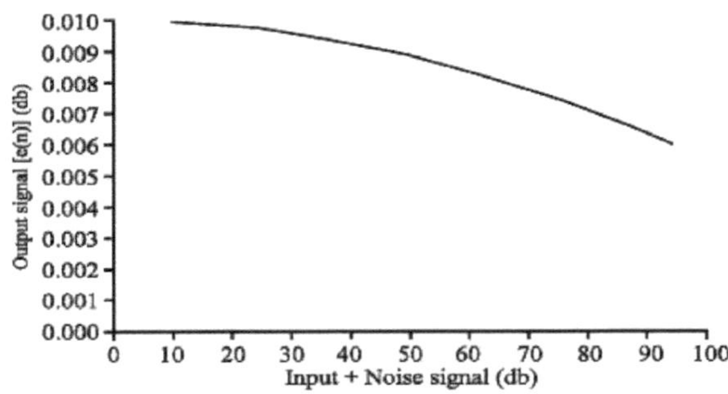

3] 3 IMPLEMENTAÇÃO EM TEMPO REAL DO ANC COM O ALGORITMO LMS EM MATLAB

O algoritmo de simulação da proteção acústica ativa foi inicialmente criado no software Matlab (Figs. 4.3, 4.4, 4.5 e 4.6).

Fig. 4.4 Resultados da simulação para filtros adaptativos com um tempo de atraso de dois contadores

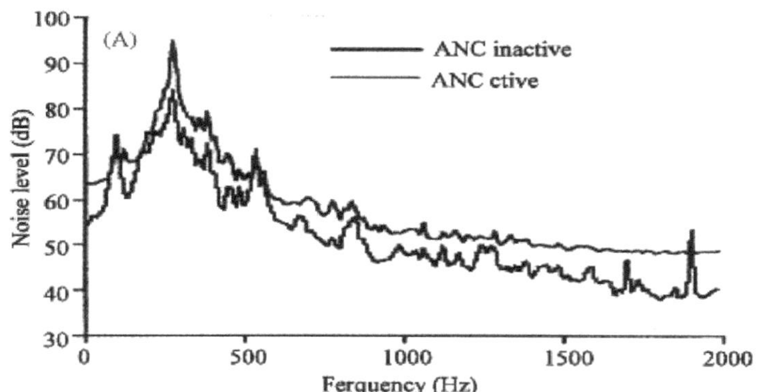

Fig. 4.5 Sinal de ruído no domínio do tempo num microfone de erro

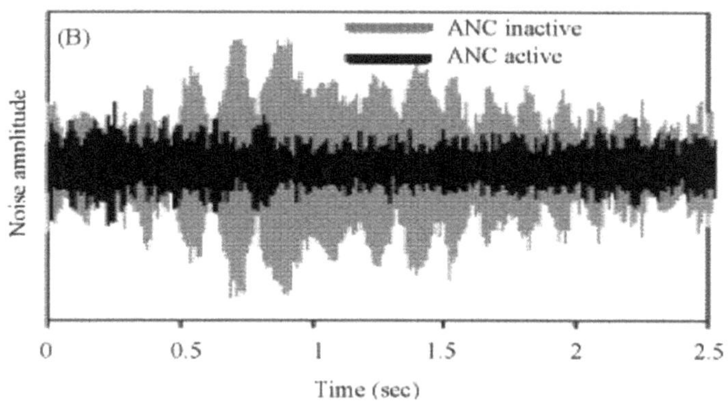

Fig. 4.6 Sinal de ruído no espetro de potência de ruído num microfone de erro

O código foi reescrito em formato C normalizado para permitir uma fácil conversão para assembler. O código-fonte do Matlab, originalmente utilizado para testar o sistema, é apresentado no Quadro 4.1.

Quadro 4.1 Redução total do ruído no microfone de erro

Erro do microfone	Ação 1	Ação 2
loc. 1	**7,13 dB**	8,61 dB
Mik. 2	6,41 dB	6,94 dB
Mic. 3	8,82 dB	9,48 dB
Miro. 4	8,50 dB	9,30 dB

4.4 CONCLUSÃO

A Redução Ativa do Ruído [ANC] foi integrada programaticamente no kit DSP TMS320C5416 e os resultados foram comparáveis aos gerados pelo Matlab. A aplicação em tempo real do filtro ativo de ruído foi um êxito. Os kits DSP modernos, como o TMS320C5416 e o TMS320C6211, são suficientemente rápidos para garantir a rapidez e a fiabilidade da filtragem de ruído em tempo real. A importância destes kits DSP demonstra os grandes avanços no processamento de sinais que terão um impacto dramático no processamento em tempo real. Os dispositivos compactos equipados com processadores TMS podem ser utilizados como dispositivos de comunicação eficazes. Por último, o kit de processadores DSP foi mais preciso do que o software Matlab para os processos em tempo real.

CAPÍTULO-5

PROPOSTA DE UM MÉTODO ADAPTATIVO DE REDUÇÃO DO RUÍDO PARA SINAIS DE VOZ SINAIS DE FALA UTILIZANDO O MÉTODO GES BASEADO EM WAVELETS

O sinal transmitido pelo meio é alterado pelo ruído, o que afecta negativamente a qualidade do sinal. Para além do ruído, o sinal está sujeito a numerosos efeitos de degradação específicos do meio que contribuem para a degradação do sinal. Estes componentes de degradação são, por natureza, muito aleatórios. Filtrar o sinal informativo a partir deste sinal altamente degradado é uma tarefa difícil [11]. As técnicas adaptativas são eficazes na remoção do ruído quando o ruído de referência utilizado está correlacionado com o ruído que distorce o sinal. Uma vez que o ruído é adicionado ao canal e é completamente aleatório, não há forma de criar ruído correlacionado no lado da receção. A única possibilidade é extrair o ruído do próprio sinal recebido, porque só o sinal recebido pode dar informações sobre o ruído que lhe foi adicionado [20].

A técnica utilizada neste trabalho é um processo em duas fases. Na primeira etapa, procura-se estimar um sinal que se correlacione com o sinal real, ou seja, com a componente da portadora de informação do sinal recebido [9]. Apresenta-se o método utilizado para esta geração. Uma vez que o sinal e o ruído não são coerentes entre si, este sinal é utilizado para extrair o ruído do sinal recebido através da técnica de supressão de interferências do processamento adaptativo de sinal, o que permite obter um ruído que está largamente correlacionado com o ruído do sinal recebido [21]. Vamos agora apresentar uma técnica para gerar um sinal correlacionado com o sinal real, que é portanto o primeiro passo para gerar ruído correlacionado.

5.1 QUESTÕES

Redução perfeita do ruído para sinais de voz transmitidos através de um meio sem fios, graças a algoritmos adaptativos. Durante uma comunicação deste tipo, todo o ruído é adicionado ao canal. O ruído é muito aleatório. Neste caso, não existe uma fonte de ruído correlacionada na extremidade recetora. Apenas o sinal recebido pode contar a história do ruído adicionado, pelo que só se for possível extrair o ruído do sinal recebido, através de

alguns meios e, em seguida, as técnicas adaptativas acima mencionadas para melhorar a relação sinal-ruído (SNR) do sinal recebido.

37

5.2 MODELAÇÃO MATEMÁTICA DA ESTIMATIVA DA LUZ DE PASTAGEM UTILIZANDO O MÉTODO DO SINAL

As técnicas adaptativas de redução do ruído são eficazes quando o ruído de referência está altamente correlacionado com o ruído de interferência. No entanto, como o ruído é muito aleatório, é difícil de estimar. Neste caso, é gerado um ruído de referência eficaz a partir do próprio sinal recebido, que pode então ser utilizado para reduzir o nível de ruído do mesmo sinal recebido. A técnica utilizada consiste em tentar penetrar no sinal de informação e assim encontrar o nível aproximado de ruído e de informação em cada instante. Esta técnica baseia-se no facto de as duas primeiras amostras do sinal inicial estarem corretas. O valor da terceira amostra é então estimado a partir dos valores das duas primeiras amostras. Para o efeito, determina-se o declive entre as duas primeiras amostras e aplica-se o mesmo à terceira amostra. Este próximo valor de amostra estimado é subtraído do valor contido no sinal recebido nesse momento [36].

Este valor dá-nos o modelo de ruído estimado nesse momento e chamamos-lhe o ruído estimado. A segunda e terceira amostras são agora utilizadas para estimar a quarta amostra da mesma forma que a terceira foi encontrada. O mesmo método é utilizado para gerar todas as outras amostras.

$$m = ES_{n-1} - ES_{n-2} \qquad\qquad 6.1$$

$$ES_n = ES_{n-1} + m \qquad\qquad 6.2$$

$$N'_n = X_n - ES_n \qquad\qquad 6.3$$

Onde ES representa o sinal estimado, X o sinal recebido e N' o ruído estimado da primeira etapa, bem como um valor limite para a quantidade de ruído estimado. Este valor limiar baseia-se na intensidade provável do ruído. O limiar pode ser próximo de 0,5 vezes o valor absoluto máximo que o ruído pode assumir. Sempre que o valor absoluto do ruído 38

o nível de ruído estimado exceder este limiar predefinido, o valor estimado do sinal é reposto nesse ponto, ou seja, quando

$$N'_n > \text{valor limiar, então}$$

$$ESn = ESn + N'_n \qquad 6.4$$

Isto garante que não estamos a mover-nos apenas numa direção. Se o desvio for maior do que o esperado, tentamos aproximar o valor do sinal estimado do valor do sinal [38]. Desta forma, tentamos manter as nossas amostras de sinal estimado muito próximas do sinal inicial ao longo do processo de estimação. De seguida, apresentamos todos os casos possíveis para uma compreensão clara do conceito [41].

5.3 MÉTODO PROPOSTO PARA CASOS POSSÍVEIS

Para compreender como funciona a técnica acima referida, vejamos os seguintes casos.

o Indica a amostra de sinal atual.

Refere-se à amostra estimada neste momento.

* Designa o valor obtido pela adição do ruído nesse instante, ou seja, designa a amostra do sinal recebido.

Case 1

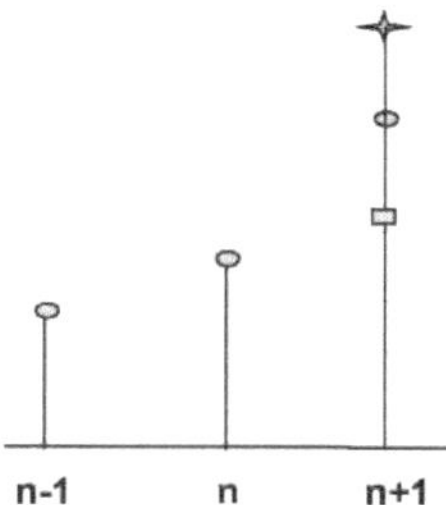

No caso acima, pode ver-se que o valor estimado é inferior ao valor real e que o ruído é positivo. Neste caso, o sinal estimado, o valor real e o ruído têm todos o mesmo sinal. O sinal estimado, o valor puro do sinal (o sinal real) e o ruído apontam todos na mesma direção. [th]Isto significa que no momento (n+1) , existe um certo grau de correlação entre eles.

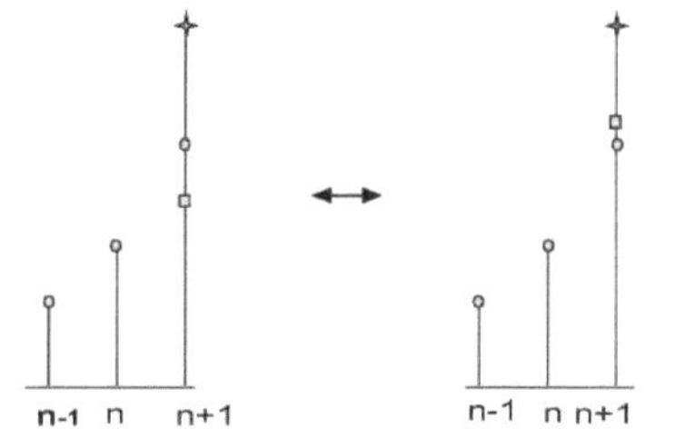

Case 2

Este caso é semelhante ao caso 1, exceto que aqui o ruído é muito elevado. Por esta razão, a diferença entre o valor recebido e o valor estimado é maior do que o valor limite. Como resultado, o valor estimado precisa de ser ajustado, como mostra a ilustração acima. Neste caso, vemos que o valor do sinal puro, o valor do sinal estimado e o valor do sinal recebido estão todos a apontar na mesma direção. Como explicado no caso 1, o sinal estimado está correlacionado tanto com o sinal puro como com o ruído no tempo (n+1). [th]

Case 3

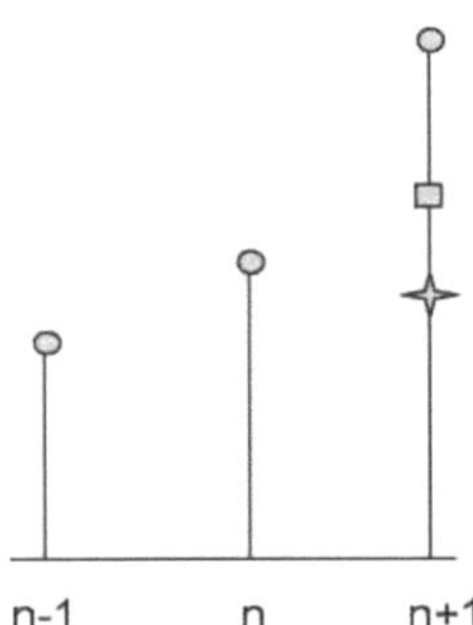

Este caso é semelhante ao caso 1, exceto que o ruído adicionado no tempo n+1 é negativo. Também neste caso, o sinal estimado e o sinal real têm o mesmo sinal, oposto ao do ruído.

Case 4

Neste caso, o ruído é fortemente negativo, pelo que a diferença entre o valor estimado e o valor recebido é superior ao valor limite. Por conseguinte, só lemos o valor estimado.

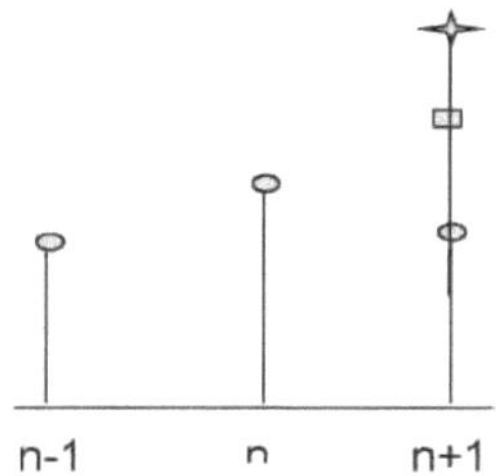

ththththConsideramos agora os casos em que o declive entre as amostras (n+1) e n se altera relativamente ao das amostras n e (n-1) . Neste caso, o ruído é positivo, como se pode ver na figura acima. Como se pode ver, o sinal estimado e o sinal real e o ruído estão na mesma direção neste caso.

Case 5

Neste caso, o sinal tem um valor positivo elevado, pelo que a diferença entre o valor recebido e o valor estimado é superior ao valor limite. Assim, como indicado, reajustamos o valor estimado. Neste caso, o valor estimado, o ruído e o sinal limpo estão na mesma direção.

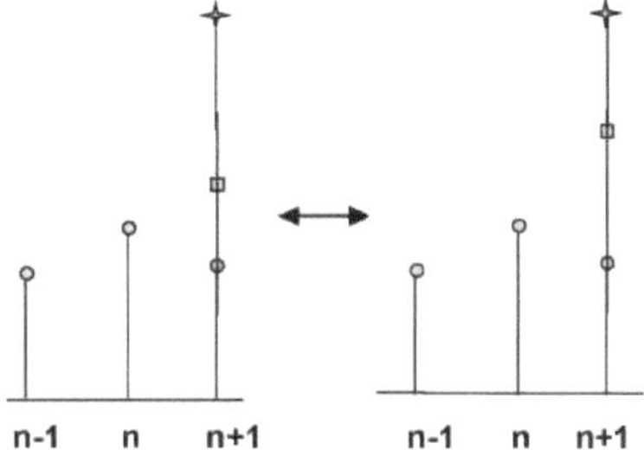

Case 6

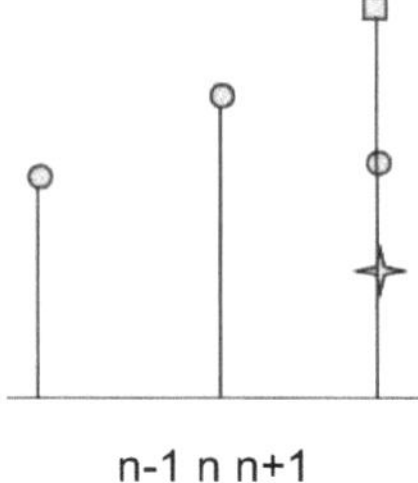

Neste caso, o ruído adicionado é negativo. Como se pode ver, os valores estimados e puros estão na mesma direção e são opostos aos do ruído.

Case 7

Neste caso, o ruído adicionado é fortemente negativo, o que empurra o valor recebido para a zona negativa. Se o tamanho do ruído for grande, temos de ajustar o valor estimado, como mostra a ilustração acima, caso contrário não podemos ajustar o valor estimado.

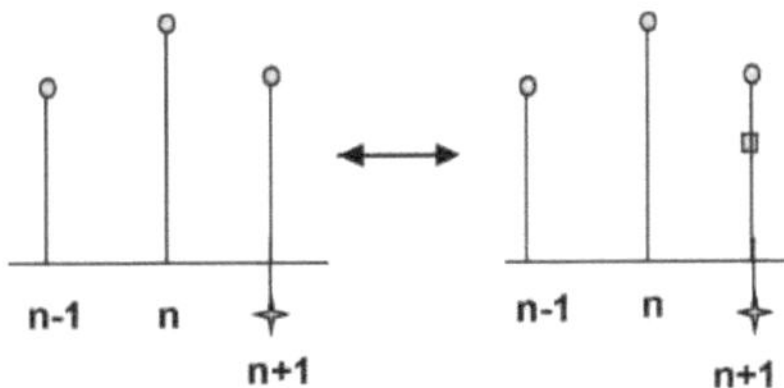

Em ambos os casos, o sinal estimado e o sinal limpo movem-se na mesma direção, enquanto o ruído se move na direção oposta.

Vimos, portanto, todos os casos possíveis para os valores nas direcções positivas. Em todos os casos, o sinal estimado e o sinal limpo estão na mesma direção. Só nos momentos em que o valor do sinal atravessa o eixo do tempo é que é possível que o sinal estimado e o sinal limpo estejam em direcções opostas. No entanto, esta probabilidade é muito baixa. Em comparação, o ruído e o sinal estimado estão na mesma direção em apenas metade dos casos. O grau de correlação entre eles também é baixo. Em toda a gama de sinais, o sinal estimado segue de perto o sinal puro. Com base no que precede, a Figura 6.1 mostra como o sinal estimado segue o sinal puro.

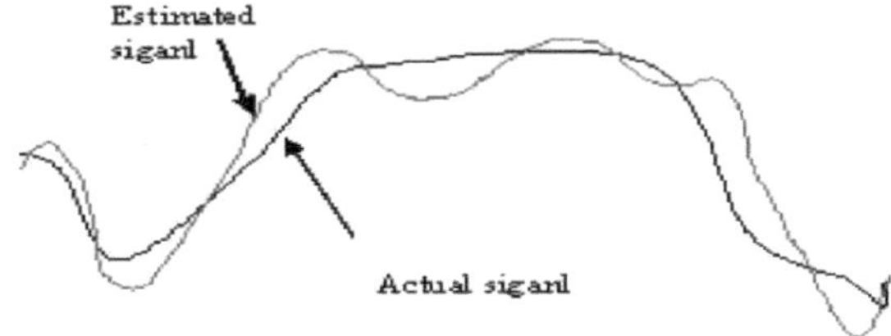

Figura 5.1. representação do sinal estimado

Este esquema permite-nos, portanto, gerar um sinal que se correlaciona bem com o sinal real a ser transmitido. Depois de gerar o sinal estimado, utilizamo-lo como sinal de referência na aplicação de supressão de interferências do processamento adaptativo de sinais. Como o sinal limpo e o ruído não estão correlacionados, o resultado deste processo é o próprio sinal de ruído. O grau de correlação deste ruído gerado com o ruído real depende do grau de correlação entre o sinal estimado e o sinal limpo. Atingimos assim o nosso objetivo fundamental, que é o de gerar um ruído correlacionado com o ruído que altera o sinal. Este ruído gerado deve apagar o ruído do sinal recebido, utilizando novamente a aplicação para eliminar as interferências. Isto baseia-se no pressuposto de que o sinal de fala se encontra na gama de baixas frequências e, por conseguinte, não existem muitas alterações bruscas no domínio do tempo, ou seja, o sinal será suave na medida do necessário.

A probabilidade de a amostra estimada corresponder sempre ao valor real do sinal original é baixa. No entanto, é suficiente para produzir um sinal que se correlacione bem com o sinal de informação. O diagrama de blocos do processo acima descrito é apresentado na Figura 6.2. O sinal recebido passa pelo bloco de estimativa da luz rasante, cuja saída é um sinal estimado, denotado ES (n), correlacionado com o sinal original. ES (n) é então submetido a uma filtragem adaptativa para remover o conteúdo informativo do sinal recebido, que está totalmente contaminado por ruído.

A eficácia deste cancelamento depende do nível de correlação do sinal estimado com o do sinal original. O método proposto acima consegue um bom cancelamento. Como o ruído e o sinal de informação não estão correlacionados, obtemos na saída algo que está bem correlacionado com o ruído corruptor do sinal recebido, que é o objetivo deste trabalho. Esse ruído gerado é denotado por N'(n) na Figura 6.2. N'(n) é, por sua vez, guiado por técnicas adaptativas de processamento de sinal para eliminar o ruído no sinal recebido, como mostra a Figura 6.2. Conseguiu-se uma redução do ruído de 15 a 20 db. A técnica acima referida foi simulada utilizando o software Matlab.

5.4 ALGORITMO GES PROPOSTO

Os códigos para a estimativa das terras de pastagem são apresentados a seguir:

> Apascentamento (registo, sinal (1), sinal (2)),
> Carregar índice (1), índice (2) =sinal (1), sinal (2) ruído1,
> ruído (2) = rec (1)-índice (1),
> Registo (2)-Índice (2)

Len = comprimento do sinal

Para n=3 a Len

Declive= índice (n-2)-índice (n-1)

Índice (n) =Declive + Índice (n-2)

Ruído (n) = rec (n)-índice (n)

Quando o valor absoluto do ruído (n) é superior ao valor

limite,

Índice (n) = Índice (n) + Ruído (n)/2

Fim

x (n)=s(n)+N(n)

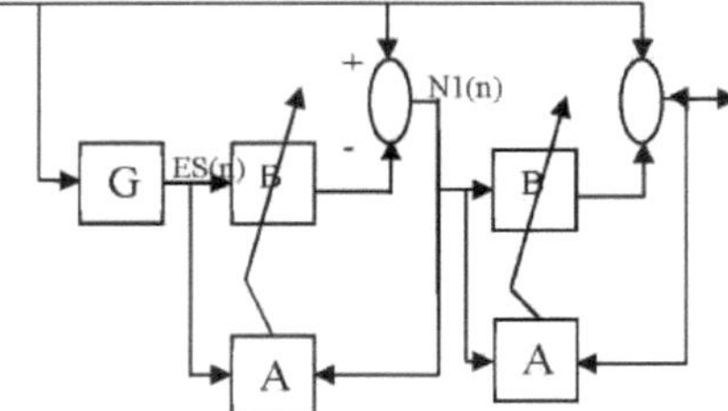

Fig. 5.2 Diagrama de blocos do método de estimação do pastoreio

As letras seguintes referem-se aos seguintes blocos A= algoritmo adaptativo,

B = filtro,

G=Estimativa de pastoreio

5.4.1 TÉCNICA DE INCORPORAÇÃO DE GES COM TRANSFORMADA WAVELET [WGES]

O objetivo do pré-processamento é, em primeiro lugar, reduzir o nível de ruído de *yk*, minimizando a distorção em sk, em que (yk) é o resultado desta etapa de pré-processamento [40]. O diagrama de blocos para a redução do ruído wavelet é apresentado na Figura 6.3.

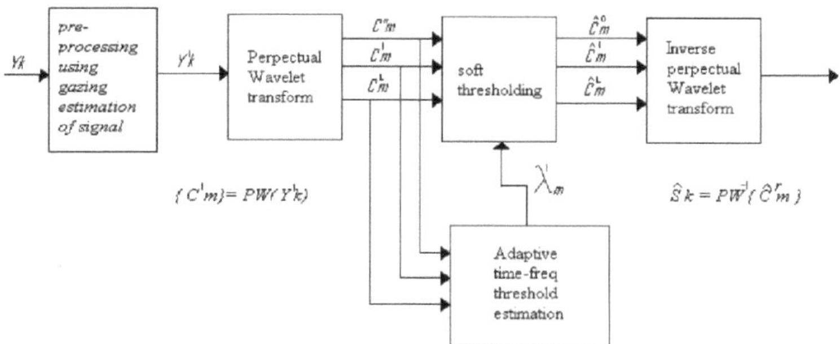

Fig. 5.3 Diagrama de blocos da denotização Wavelet

5.5 RESULTADOS DA SIMULAÇÃO E DISCUSSÃO

Os resultados da simulação em Matlab são apresentados na Figura 6.4, utilizando o ficheiro "utopia windows start wav.file". Representa todas as fases do processo, ou seja, o sinal original, o sinal ruidoso, a estimativa do sinal utilizando a estimativa de grazing e, finalmente, o sinal de saída.

O sinal o/p é muito próximo do sinal original. O ganho entre o sinal recebido e o sinal filtrado é de 30db. Obtiveram-se resultados semelhantes para diferentes sinais de teste de "ficheiros wav", nomeadamente Ding e tada. Os resultados no domínio do tempo são apresentados na Fig. 6.4 e no domínio da frequência na Fig. 6.5. O desempenho do sistema é apresentado na Figura 6.6, obtido para o ficheiro ".wav".

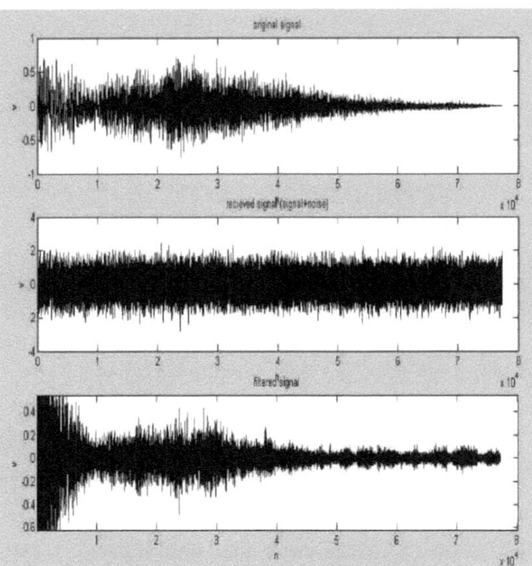

Fig.5.4 Desempenho do sistema no domínio do tempo

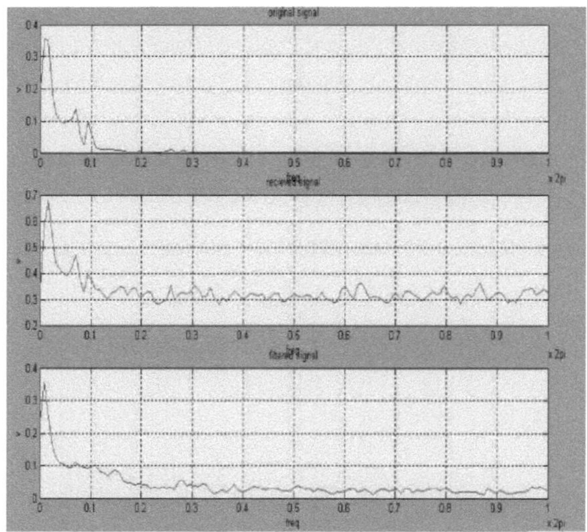

Fig.5.5 Potência do sistema no domínio da frequência

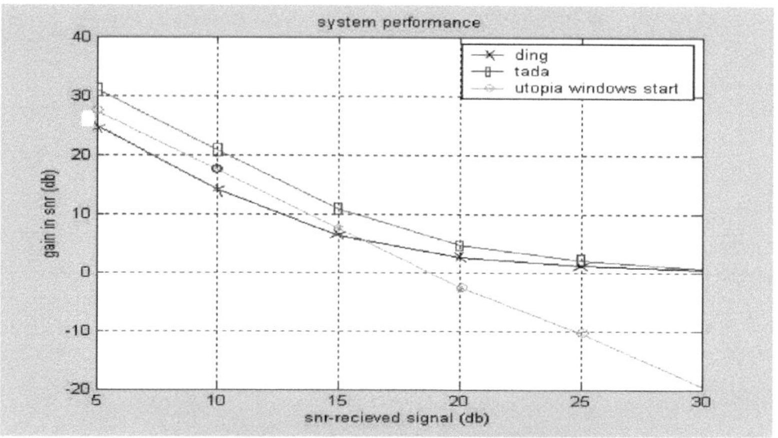

A Figura 5.6 mostra o aumento da PSNR.

Pode ver-se que os componentes de frequência que representam ruído foram bem reduzidos no sinal filtrado em comparação com o sinal recebido, o que sublinha a eficácia do método. O rácio (em db) entre o sinal filtrado e o rácio PSNR (em db) do sinal recebido é representado por uma linha de sinal verde. Pode ser visto que quanto mais baixo o PSNR do sinal recebido, maior a melhoria no sinal filtrado [53]. Isto deve-se ao facto de, durante a nossa estimativa de luz rasante, estarmos a estimar a próxima amostra, que será definitivamente diferente da amostra inicial nesse momento.

Mais uma vez, podemos assumir que este sinal estimado é um sinal original com algum ruído, que está correlacionado até certo ponto com o ruído original. Mas se o sinal recebido estiver profundamente enterrado no ruído, a componente de ruído no sinal estimado será uma pequena fração do ruído original. Consequentemente, o ruído estimado no primeiro grupo de canceladores adaptativos, que cancelam o sinal, tem um efeito insignificante. Nestes casos, o ruído gerado à saída da primeira fase da cancela adaptativa está bem correlacionado com o ruído real. Este facto permite a transmissão de sinais a baixas tensões. Este facto pode ser considerado como uma das vantagens deste método.

As tabelas 6.1, 6.2 e 6.3 mostram a redução perfeita do ruído obtida com o método proposto GES + wavelet. O sinal melhorado [>20db] é obtido pelo valor máximo de PSNR com este método.

Sinal recebido PSNR (db)	PSNR do computador recuperado		
	Estimativa de pastoreio	Denotização Wavelet	Estimativa da luz rasante + eliminação do ruído wavelet (método proposto)
51.3451	64.6823	60.2440	70.4061
56.4513	65.0934	65.2465	71.0318
61.3707	65.8718	69.9109	72.6852
66.3772	68.1647	73.9194	74.6747
71.3298	71.8587	76.9806	76.6095
76.3978	75.9917	78.5975	77.6586

Tabela 5.1 Comparação de diferentes métodos para o sinal de fala s1omwb

Sinal recebido PSNR (db)	PSNR do computador recuperado		
	Estimativa de pastoreio	Waveletde ruidoso	Estimativa da luz rasante + eliminação do ruído wavelet (método proposto)
51.3451	64.6823	60.2440	70.4061
56.4513	65.0934	65.2465	71.0318
61.3707	65.8718	69.9109	72.6852
66.3772	68.1647	73.9194	74.6747
71.3298	71.8587	76.9806	76.6095
76.3978	75.9917	78.5975	77.6586

Tabela 5.2 Comparação de diferentes métodos de anilhagem

PSNR sinal recebido (db)	PSNR do sinal recuperado (db)		
	Estimativa de pastoreio	Denotização Wavelet	Estimativa de banda + supressão de wavelets
48.0441	58.7422	56.8878	65.5255
53.0151	59.2054	61.7909	66.9868
58.0323	60.7443	66.2719	68.7585

63.0543	64.1474	70.1104	71.1211
8.0827	68.5550	72.7188	72.9615
73.0773	73.2588	73.9572	73.9424

Quadro 5.3 Comparação de diferentes métodos de anilhagem

As Figuras 6.7 e 6.8 mostram a análise do método proposto utilizando diferentes sinais de fala. O algoritmo proposto [caixa amarela] é mais eficiente do que os algoritmos existentes.

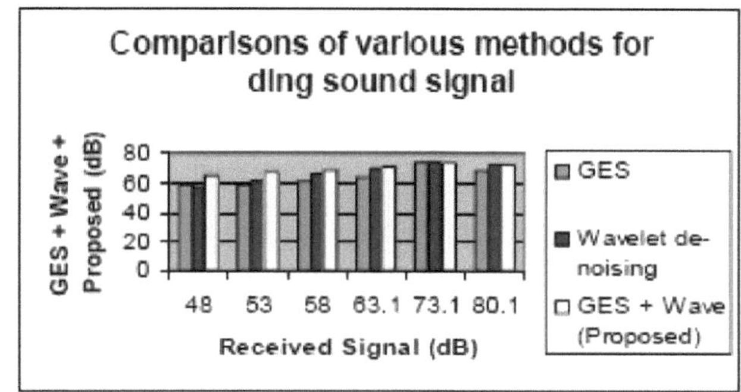

Fig.5.7 Análise do método proposto com Ding-Sound

Comparação de diferentes métodos para sinais de fala Omwb sd

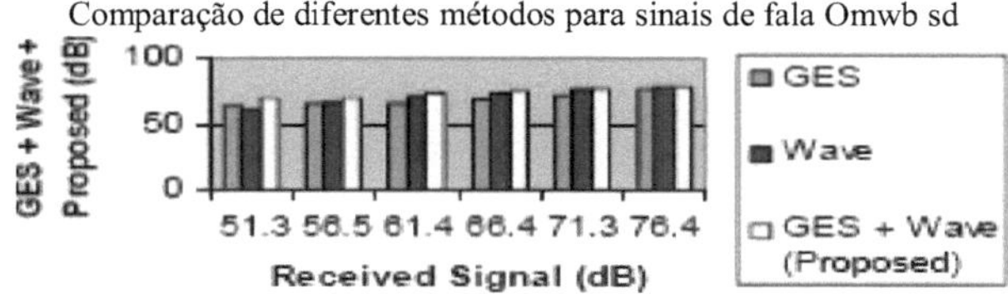

Fig. 5.8 Análise do método proposto com o sinal de fala S10mwb

5.6 . CONCLUSÃO

Este método proposto, denominado estimação do sinal por luz rasante, foi introduzido com o objetivo de gerar, no lado recetor, um ruído consistente com o ruído que altera o sinal. Desta forma, o nível de ruído no sinal recebido pode ser reduzido utilizando a técnica de processamento adaptativo de sinal. Verificou-se que, em geral, é possível uma melhoria do PSNR de 15 a 20 db quando o sinal está profundamente imerso em ruído. Também se verificou que o ganho de PSNR é elevado quando o sinal está mais profundamente imerso no ruído. Este facto tem a vantagem de permitir a transmissão de sinais de baixa potência.

CAPÍTULO-6

CONCLUSÃO E TRABALHO FUTURO

Este trabalho de investigação é um método com comparação de diferentes técnicas avançadas para explorar uma nova forma de utilizar técnicas adaptativas de processamento de sinal para reduzir o ruído do sinal. Neste método proposto, a estimativa de sinal por luz rasante foi chamada, tentando gerar ruído em correlação com o ruído que altera o sinal. Em comparação com outros métodos, este método final proposto é melhor devido à melhoria da SNR. Este método de sinal disperso foi introduzido para gerar ruído na extremidade recetora que seja coerente com o ruído que altera o sinal. Desta forma, o nível de ruído no sinal recebido pode ser reduzido utilizando uma técnica de processamento de sinal adaptativa. O ganho relativo em SNR é maior quando o SNR do sinal recebido é baixo. Este facto confere a esta abordagem uma vantagem decisiva em relação a outros métodos, uma vez que permite que os sinais sejam transmitidos a baixos níveis de potência, poupando assim energia. Verifica-se que, em geral, é possível uma melhoria da PSNR de 15 a 20 db quando o sinal está profundamente imerso em ruído. Também se pode observar que o ganho de PSNR é elevado quando o sinal está mais profundamente imerso no ruído. Este facto tem a vantagem de permitir a transmissão de sinais de baixa potência. O sistema acima descrito poderia ser utilizado em cascata com outras técnicas de melhoramento da PSNR no recetor, ou seja, com desamplificação no caso da comunicação analógica e antes de um filtro correspondente no caso da comunicação digital, para obter um melhoramento ótimo da PSNR. No entanto, tudo isto exigiria processadores de alta velocidade.

Por conseguinte, esta abordagem é muito eficaz quando combinada em cascata com outros métodos de redução do ruído. Os resultados mostraram que a combinação em cascata deste método com o método de redução do ruído wavelet melhorou significativamente a eficácia desta combinação em comparação com a utilização de cada uma das técnicas individualmente. Assim, a combinação deste método com alguns outros métodos geralmente conhecidos tem a vantagem de transmitir sinais de baixa potência. Quando os outros métodos são utilizados separadamente, a SNR é aumentada para o nível requerido, mas, evidentemente, à custa de um tempo de cálculo mais elevado. Nas comunicações analógicas, este método pode, por conseguinte, ser utilizado antes do circuito de redução de ênfase no lado da receção. Na comunicação digital, a combinação deste método com o filtro adaptado funciona de forma muito eficaz. Trata-se de um método eficaz de pré-processamento do sinal recebido.

TRABALHO FUTURO

Há muitas técnicas potenciais ainda por descobrir que poderiam tornar este método cada vez mais autónomo. Uma delas é um método de estimação de sinal ainda mais eficiente. Os resultados acima foram obtidos por simulação. O método poderia ser testado em situações de tempo real com processadores DSP.

7. REFERÊNCIAS

1. Ahmad N.A. e Okwonu F.Z. (2011), Least Squares Problem for Adaptive Filtering, Australian Journal of Basic and Applied Sciences, 5 No. 3, 69-74.

2. Akhtar M.T. (2007), On Active Noise Control Systems with Online Acoustic Feedback Path Modeling, IEEE Transaction on Audio, Speech and Language Processing, No. 2, 593-600.

3. Akhtar M.T. (2009), Improving Performance of Active Noise Control Systems in the Presence of Uncorrelated Periodic Disturbance at Error Microphone, IEEE Transaction on Audio, Speech and Language Processing, No. 3, 2041-2044.

4. Alves R G, Petraglia M R e Diniz P S R (2000), Convergence Analysis of an Oversampled Subband Adaptive Filtering Structure Using Global Error, Proc. ICASSP, Vol. 1, pp. 468-471.

5. Bahoura M. and Ezzaidi H. (2009), FPGA-implementation of a sequential adaptive noise canceller using Xilinx system generator, Inter. Conf. on Microelectronics ICM, Marraquexe, 213-216.

6. Boucher C, Elliott S J e Nelson P A, (1990), The effect of modeling errors on the performance and stability of active noise control systems, Proc. Recent Advances in Active Control of Sound Vibration, p. 290-301.

7. Chaoui J, Gregorio S de, Gallisian G, Masse Y (1999), DSP-Based Solution for Ambient Noise Reduction in Mobile Phones, Proc. ICASSP, Vol. 4.

8. Das D.P. e Panda G (2004), Active mitigation of nonlinear noise processes using a novel filtereds LMS algorithm, IEEE Trans. Speech, Audio Processing, vol. 12, no. 3, p.313-322.

9. Davis G M (2002), Noise Reduction in Speech Applications, CRC Press, Londres, Reino Unido.

10. [th]Delvecchio D, Piroddi L. (2011), A nonlinear active noise control scheme with online model structure selection, 50 IEEE Conference on Decision and Control, Orlando(FL), USA, , pp. 8014-8019.

11. Diniz P. S. R. (1997), Adaptive filtering algorithms and practical implementation, Norwell, MA: Kluwer.

12. [nd]Diniz P.S.R. (2002), Adaptive Filtering: Algorithms and Practical Implementation, Kluwer, Boston, 2 edition.

13. Douglas . S, e W. Pan (1995), Análise de Expectativa Exacta do Filtro Adaptativo LMS, IEEE Trans. Signal Process, 43 : 2863-2871.

14. Elliott S J e Nelson P A (1993), Active Noise Control, IEEE Signal Processing

Magazine.

15. Eriksson L J (1991), Recursive algorithms for active noise control, Proc. Int. Symp. Active Control of Sound Vib, pp. 237-245.

16. Eriksson L J, Allie M C, Melton D E, Popovich S R, Laak T A (1994), Fully Adaptive Generalized Recursive Control Systems for Active Acoustic Attenuation, Proc. ICASSP, Vol. II.

17. Feintuch P F, Bershad N J e Lo A K (1993), A frequency domain model for filtered LMS algorithms stability analysis, design and elimination of the training mode, IEEE Transactions on Signal Processing, Vol. 41, pp. 1518-1531.

18. Ghafarioun E., Sharifi-Tehrani O. and Khaluei T. (2011), An Evaluation of Probability of Transmitted Pilot Bit Error on Multi- Path Fading Channels and Using it in Estimation the Mobile Station Speed, Inter. Journ. on Comm. Anten. and Prop. (IReCAP), No. 1.

19. Glentis G.O, K. Berberidis e S. Theodoridis, (1999), Efficient least squares adaptive algorithms for FIR transversal filtering, IEEE Signal Process. Mag. 16. 4. 13-41.

20. Graupe D e Efron A J (1991), An output-whitening approach to adaptive noise cancellation, IEEE Transactions on Circuits and Systems, Vol. 38, pp. 1306-1313.

21. Haykin, S., (1996), Adaptive Filter Theory. Prentice Hall, 3ª edição.

22. Hussain A e Campbell D R (2001), Intelligibility improvements using binaural diverse sub-band processing applied to speech corrupted with automobile noise, IEEE Proc. Visual Image Signal Processing, Vol. 148, No.2.

23. Jacobson C A, Johnson Jr. C R, McCormick D C e W A Sethares (2001), Stability of Active Noise Control Algorithms, IEEE Signal Processing Letters, Volume 8, Número 3.

24. Kaiser J F (1990), On a simple algorithm to calculate the energy of a signal, Proc. ICASSP, Vol. 1, pp. 381-384.

25. Kirei B.S., Topa M.D., Muresan I., Homana I. e Toma N., (2011), Blind Source Separation for Convolutive Mixtures with Neural Networks, Advances in Electrical and Computer Engineering (AECE), No. 1, 63-68.

26. ndKuo S M e Finn B M (1992), A general multi-channel filtered LMS algorithm for 3-D active noise control systems, Proc. 2 International Conference Recent Developments in Air- and Structure-Borne Sound Vibration, pp. 345-352.

27. Kuo S M e Morgan D R (1996), Active Noise Control Systems: algorithms and DSP implementations, John Wiley and Sons, New York,.

28. Kuo S M e Morgan D.R (1999), Active Noise Control, a tutorial review, Proceedings of the IEEE, volume 87, número 6.

29. Kuo S M, Chuang H, Mallela P (1993), Integrated hands-free cellular, active noise control and audio system, IEEE Transactions on Consumer Electronics, Vol. 39, pp. 522532.

30. Kuo S.M. e Wu H.T (2005), Nonlinear adaptive bilinear filters for active noise control systems, IEEE Trans. Circuits Syst. I, Reg. Papers, vol. 52, no. 3, pp. 1-8.

31. Kuo S.M., Wu H.T., F.-K. Chen, e M.R. Gunnala, (2004), Saturation effects in active noise control systems, IEEE Trans. Circuits Systems I, Reg. Papers, vol. 51, no. 6, pp. 1163-1171.

32. Kuo SM (1995), Adaptive Active Noise Control Systems- Algorithm and DSP Implementation Proc. Digital Signal Processing Technology Conference 17th - 18th, Florida.

33. Kuo. S.M, Morgan D.R. (1996), Active Noise Control Systems-Algorithms and DSP Implementations. pp: 37.

34. Laugesen S e Elliott S J (1993), Multichannel active control of sound in a reverberant room, IEEE Transactions on Signal Processing, Vol. I, 241-249.

35. Maeda, Y. e R.J.P. de Figueiredo (1997), Learning rules for neuro-controller via simultaneous perturbation, IEEE Trans. On Neural Network, 1119/1130.

36. Manikandan S (2007), Effective Noise Reduction for Speech Signal Using Wavelet, International Journal of Systems Simulation, Vol.1 No : 1, by the Serials Publications.

37. Manikandan.S (2006), Literature Survey Of Active Noise Control Systems, Academic Open Internet Journal, ISSN 1311-4360, Issue no: 17.

38. Manikandan S, Madheswaran M (2008), Design of adaptive noise cancellation for speech signals using GES method, International journal of soft computing 3 (1), p 63-68.

39. Manikandan S, Mythili S, Nagarajan C, (2007), A new design of active noise fed forward control systems using Delta rule algorithms, Information Technology Journal, ISSN : 1812-5638.

40. Manikandan S (2006), Speech Enhancement Based On Wavelet Denoising, Academic Open Internet Journal, ISSN 1311-4360, Issue no: 17.

41. Mcloughlin I. (2009), Applied Speech and Audio Processing, Cambridge University Press, Singapura.

42. Melton D E e Greiner R A (1992), Adaptive feed forward multiple-input, multiple output active noise control, Proceedings of ICASSP, Vol. II, pp. 229-232.

43. Morgan D R e Thi J C (1995), A Delayless Subband Adaptive Filter Architecture, IEEE Transactions on Signal Processing, Vol. 43, No. 8.

44. Morinushi K (1991), Fundamental of Noise Reduction, Journal of .IEE of Japan, Vol.111, No.8, pp.644-651.

45. Mustafa, et al. V.R. (2009), Design and implementation of least mean square adaptive filter on Altera Cyclone II field programmable gate array for active noise control, IEEE Sym. on Industrial Electronics Applications - ISIEA, Kuala Lumpur, Malaysia, 479-484.

46. Napoli R., Piroddi L. (2010), Nonlinear active noise control with NARX models, IEEE Transactions on Audio, Speech and Language Processing, Vol. 18, n. 2, pp. 286-295.

47. Oppenheim A V, Weinstein E, Zangi K C, Feder M, Gauger D (1992), Single Sensor Active Noise Cancellation Based on the EM Algorithm, Proc. ICASSP, Vol. I, pp.277280.

48. Oppenheim A V, Weinstein E, Zangi K C, Feder M, Gauger D (1994), Single-Sensor Active Noise Cancellation, IEEE Transactions on Speech and Audio Processing, Vol. 2 No. 2.

49. Park S J, Yun J H, Park Y C Youn D H (2011), A Delayless Subband Active Noise Control System for Wideband Noise Control, IEEE Transactions on Speech and Audio Processing, Vol. 9, No. 8.

50. Petraglia M R e Alves R G (1997), New Results on Adaptive Filtering Using Filter Banks, IEEE International Symposium on Circuits and Systems.

51. Popovich S R (1993), Sistema de atenuação ativa multicanal com entradas de sinal de erro, Patente dos EUA 5,216,722.

52. Popovich S R, Melton D E e Allie M C (1992), New adaptive multi-channel control systems for sound and vibration, Proc.Of Inter-Noise, p. 405-408.

53. Quatieri T E (2001), Discrete time speech signal processing principles and practices, Prentice Hall, N J.

54. Reichard K M e Swanson D C (1993), Frequency domain implementation of the filtered-X algorithm with online system identification, Proc. Recent Advances in Active Sound Vibration, pp. 562-573.

55. Sergi A. e Cichocki A. (2001), Hyper Radial Basis Function Neural Networks for Interference Cancellation with Nonlinear Processing of Reference Signal, Journal of Digital Signal Processing, 204-221.

56. Sharifi-Tehrani O. e Ashourian M. (2005), An FPGA-Based Implementation of ADALINE Neural Network with Low Resource Utilization and Fast Convergence, Przeglad.

57. Sharifi-Tehrani O., M. Ashourian e P. Moallem (2010), An FPGA Based Implementation of Fixed-Point Standard-LMS Algorithm with Low Resource

Utilization and Fast Convergence, Inter. Rev. on Comp. and Soft. (IReCOS), 5, n° 4, 436-444.

58. Shen Q e Spanias A (1992), Time and Frequency Domain X-Block LMS Algorithms for Single Channel Active Noise Control, Proc. Second International Congress on Recent Developments in Air- and Structure-Borne Sound and Vibration, pp. 353-359.

59. Shen Q e Spanias A (1993), Frequency Domain Adaptive Algorithms for Multi Channel Active Sound Control, Proc. Recent Advances in Active Control of Sound Vibration, pp. 755-766.

60. Shynk J J (1992), Frequency Domain and multirate adaptive filtering, IEEE Signal Processing Magazine, Vol 9, pp. 14-37.

61. Sicuranza G.L. e Carini A (2006), Piecewise-linear expansions for nonlinear active noise control, Proc. IEEE Int. Conf. Acoust, Speech, Signal Processing, pp. 209-212.

62. Snyder S.D. e Tanaka N., (1995), Active control of vibration using a neural network, IEEE Trans. Neural Networks, vol. 6, no. 4, pp. 819-828.

63. Stephane Boucher, Martin Bourchard, Andre L'esperance, Bruno Paillard (1997), Texas Instruments. Implementação de um redutor de ruído adaptativo ativo de canal único com as soluções DSP TMS320C50

64. Strauch P. e Mulgrew B (1998), Active control of nonlinear noise processes in a linear duct, IEEE Trans. Signal Processing, vol. 46, no. 9, pp. 2404-2412.

65. Takahashi M., Hamada H, (1991), Industrial Application of Active Noise Control Technology, J.IEE of Japan, Vol.111, No.8, pp.678-680.

66. Tan L e Jiang J (2001), Adaptive Volterra-Filter for the active control of non-linear noise processes, IEEE Trans. Signal Processing, vol. 49, no. 8, pp. 1667-1676.

67. Texas Instruments Inc (2001), DHP Auditory Development Kit for DHP 100 User Manual, SPRU551.

68. Thi J C e Morgan D R (1994), Delayless Subband Active Noise Control, Proc. ICASSP, Vol. 1, p. 181-184.

69. Tohma S (1991), Adaptive Noise Canceling with the DSP, J.IEE of Japan, Vol.111, No.8, pp.681-684.

70. Usevitch B E e Orchard M T (1996), Adaptive Filtering using Filter Banks, IEEE Transactions on Circuits and Systems II: Analog and Digital Signal Processing, Vol. 43, No. 3.

71. Vijayan D (1994), Feedback Active Noise Control Systems, tese de mestrado, Northern Illinois University.

72. Wheeler P D e Smeatham D (1992), On Spatial Variability in the Attenuation

Performance of Active Hearing Protectors, Applied Acoustics, Elsevier Science Publishers Ltd, Inglaterra.

73. Woo T.K (2001), Fast hierarchical least mean square algorithm, IEEE Signal Process. Lett, 8:11.

74. Yegnarayana B (2001), Artificial Neural Networks, Prentice Hall of India, pp: 124.

75. Zhou D. e DeBrunner V (2007), Efficient adaptive nonlinear filters for nonlinear active noise control, IEEE Trans. Circuits Syst. I, Reg. Papers, vol. 54, no. 3, pp. 669681.